纠缠态

物理世界第一谜

ENTANGLEMENT

The Greatest Mystery in Physics

[美] 阿米尔·艾克塞尔　著　　庄星来　译

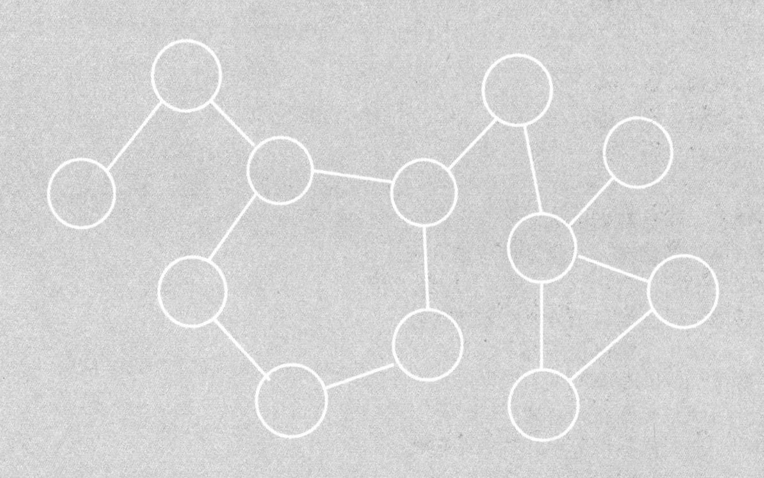

上海科学技术文献出版社
Shanghai Scientific and Technological Literature Press

图书在版编目（CIP）数据

纠缠态——物理世界第一谜 / (美) 艾克塞尔著；庄星来译．—上海：上海科学技术文献出版社，2016.6
（合众科学译丛）
书名原文：ENTANGLEMENT: The Greatest Mystery in Physics
ISBN 978-7-5439-6998-8

Ⅰ.①纠… Ⅱ.①艾…②庄… Ⅲ.①物理学—普及读物 Ⅳ.①O4-49

中国版本图书馆 CIP 数据核字 (2016) 第 057385 号

 图字：09-2015-632

策划编辑：张　树
责任编辑：李　莺
封面设计：许　菲

丛书名：合众科学译丛
书　名：纠缠态——物理世界第一谜
[美]阿米尔 · 艾克塞尔　著　庄星来　译
出版发行：上海科学技术文献出版社
地　　址：上海市长乐路 746 号
邮政编码：200040
经　　销：全国新华书店
印　　刷：常熟市人民印刷有限公司
开　　本：650×900　1/16
印　　张：14
字　　数：162 000
版　　次：2016 年 7 月第 1 版　2019 年 1 月第 3 次印刷
书　　号：ISBN 978-7-5439-6998-8
定　　价：28.00 元
http://www.sstlp.com

敬告读者

量子论本身，尤其是量子纠缠的概念，对任何人来说都很难理解——即便对资深的物理学家和数学家来说也是如此。因此在编写本书的过程中，我有意将书中论及的各种观点和概念以不同的形式进行反复的解释和说明。这样做是有必要的，因为就连当今一些最具才智的科学家都要花费毕生的精力去探索“纠缠”现象；甚至，虽然这项研究已经进行了几十年，但几乎还没有什么人敢说自己完全理解了量子论。该领域内的物理学家知道如何将量子力学的规则运用到各种具体情况中，也能够通过计算做出精确度极高的预测，这在其他一些领域中是很难企及的。但是，这些聪明的科学家往往还是不得不承认他们尚未真正“理解”量子世界里发生的情况。正因如此，我在本书的不同章节中，从各种角度，或借助科学家们的论述，反反复复地对量子论以及纠缠态的概念进行解释。

我也尽可能地从科研工作者那里索取第一手的实验数据，用以描述真实的实验和设计。但愿这些数据和图表能够帮助读者理解那神秘而精彩的量子世界，了解如何用实验来生成纠缠态并对其进行研究的。另外，我在适当的地方插入了一些方程式和符号。这么做不是要刁难读者，而是希望有较好科学基础的读者能够从中获益更多。举个例子，在谈薛定谔的研究工作的章节里，我列出了著名的薛定谔方程的最简化（也是最局限）形式，以满足部分读者的好奇心和求知欲。当然，如果读者要跳过这些方程直接往下看，那也绝对没有问题，不会因此丢失信息或者影响阅读的连贯性。

本书所讲的是“科学”：科学的建构、科学背后的哲学依据、支撑起科学的数学基石，验证及揭示大自然奥秘的科学实验，以及那一群探索着自然界最奇异现象的科学家的生活。这些科学家是20世纪最伟大的人物，他们的生命轨迹贯穿了整整一个世纪。这一群人，锲而不舍地探索着大自然的同一个奥秘——量子纠缠，他们的科学生涯也因而彼此“纠缠”着，直到今日。本书记述了人们对纠缠现象的探索，这是历史上最精彩的科学悬疑故事之一。虽然有关纠缠现象的知识也带来了激动人心的新技术，但本书的重点并非列数在量子纠缠研究中发明的新技术。《纠缠态》讲述的是“现代科学”中一场历时百年的漫漫求索。

前　言

“我怀疑，宇宙不仅比我们已料想的更奇怪，甚至比我们能料想的还要奇怪。”

——霍尔丹（J.B.S.Haldane）

1972 年秋，我在加州大学伯克利分校就读本科，主修数学和物理，当时有幸参加了一场校内讲座，主讲者是量子论的奠基人之一沃纳·海森堡（Werner Heisenberg）。虽说今时今日我对于海森堡在历史上扮演的角色心存异议——当时别的科学家因反对纳粹政策纷纷离去，而他却留下来帮助希特勒制造原子弹——但他的演讲给我的生活造成了深刻而积极的影响，使我对量子理论有了更深层次的理解，并且认识到这一理论在我们不断努力了解自然这一过程中所占的地位。

量子力学是整个科学世界中最奇特的领域。以我们地球上的日常生活为视角的话，量子力学看起来纯粹是无稽之谈，它所论述的是主宰微观粒子领域的自然法则（也涉及某些庞大的体系，比如超导体）。“量子”一词本身指的是很小的一份能量——微乎其微的一份。量子力学，也就是所谓的“量子论”，探讨的是构成物质的基本单位，即构成宇宙万物的极小粒子。这类粒子包括原子、分子、中子、质子、电子、夸克，还有光子——构成光的基本单位。所有这些物体（我们暂且称之为物体）都比人类的肉眼所能看见的东西要小得多。在这个层面上，突然之间，我们所熟悉的一切行为规律都失去了效应。进入这个新奇的微观世界后，我们会体验到种种困惑和诡异，就好像爱丽丝在仙境中探险一般。在虚幻迷离的量子世界中，粒子就是波，波就是粒子。因此，光线既是一束起伏跳荡过空间的电磁波，同时又是一串向着观察者飞速运动的微粒，因为有一些量子实验和量子现象揭示了光的波动性，而另外一些实验和现象则揭示了光的微粒性——但是这两种性质不能被同时表现出来。而在我们尚未对光进行观察和实验之前，光同时既是电磁波又是粒子。

在量子领域里，一切都是模糊的——我们所探讨的每一个对象，光也好，电子也好，原子也好，夸克也好，都是朦胧的。“不确定性原理”（uncertainty principle）主宰着整个量子力学领域，所有的事物都无法准确地被看见、触摸或了解，只能透过概率的薄雾去感知。从本质上说，对实验结果进行科学的预言，这只是以概率的形式表达出来的统计结果——我们所能预测的只是某个粒子最有可能处在的位置，而并非其精确的位置。同样，我们也无法准确地测定某个粒子的位置及其动量。更糟糕的是，这弥漫于整个量子世界的迷雾不会消散，因为根本就没有什么未被发现的“隐变量”（hidden variables），如果有的话，我们对自然边界线那边的量子世界的情况就会有更加准确的了解。那种不确定性，那种模糊状态，那种种的可能性，那种弥散性，是挥之不去的——这一切神秘莫测、难以捉摸、若隐若现的元素正是神奇的量子领域不可或缺的组成部分。

更令人费解的是量子系统有一种神秘的叠加态。一个电子（带负电的基本粒子）或光子（光的量子）可以同时处于两种或两种以上的状态。我们再也不能说“在这里或者在那里”，在量子世界里我们只能说“既在这里，又在那里”。从某种意义上说，一个光子，也就是照射在一个带有两个孔的屏幕上的一束光的组成部分，可以在同一时间穿过两个孔，而不是像预期的那样只穿过其中的一个。在环绕原子核的轨道上运行的电子，在同一时刻，可能处于好几个不同的位置。

在这离奇的量子世界中，最神秘莫测的现象还数所谓的“量子纠缠”。两个相隔甚远的粒子，其距离可以达到数百万甚至数十亿公里，彼此神秘地联系在一起，其中一方发生的任何状况都会立即引发另一方产生相应的变化。[1]

三十年前我从海森堡的讲座上所学到的就是，我们必须摈弃从经验以及感官得来的有关世界的先入之见，而让数学来做我们的向导。电子所存在的空间迥异于我们赖以生存的空间，数学家们称那个世界为“希尔伯特空间”（Hilbert space），其中还活跃着别的微粒以及光子。这个由数学家而非物理学家创立的希尔伯特空间，似乎很好地描述了量子世界的神秘规律，而从我们囿于日常经验的眼光来看，那些规律纯属无稽之谈。研究量子系统的物理学家要依靠数学来预言实验的结果或者现象，正是因为他们无法依靠自然形成的直觉经验去感知一个原子、一条光线，或者一串粒子内部所出现的状况。量子理论挑战着我们的“科学”理念——因为我们无法真正直观地理解微粒的奇怪运动。同时，它严重地质疑着我们所谓的“实在”（reality）观念。在彼此“纠缠”乃至虽然远隔万里却能行动一致的粒子的世界中，究竟什么叫做“实在”？

以数学理论构建的美丽的希尔伯特空间、抽象的代数学以及概率理论——这些我们用以探索量子现象的数学工具——使我们可以预言实验的结果，并且准确到令人瞠目结舌的地步；但这些工具并不能让我们理解种种现象产生的具体过程。深奥的量子体系当中究竟发生了什么状况，这其中的奥秘也许人类的智慧远远不能企及。我们仅能借助量子力学的某种数学解释来预测一些结果，而这些预测从本质上说都只是统计数字。

这叫人忍不住要说一句："既然这个理论不能帮助我们了解实际发生的现象，那么它肯定是不完整的。其中肯定缺少了什么东西——肯定有一些变量被忽略了，只要在方程中加入那些变量，我们对量子的认识就会变得完善起来，从而能对量子物理现象做出满意的解释。"其实，身为提出相对论并引发时空革命的 20 世纪第一科学巨人的爱因斯坦，就曾对当时方兴未艾的量子论提出过这样的挑战，他认为量子力学是一种优秀的统计学理论，但还不足以完整地描述一种物理实在。他的名言"上帝不掷骰子"，表明他相信量子论还有一个更深的非概率的层面有待发现。1935 年，他与同事波多斯基（Podolsky）及罗森（Rosen）一起，宣布了对量子物理学的挑战，指出这一理论是不完备的。这三位科学家立论的依据就是不可思议的量子纠缠现象，而这一现象本身又是由量子体系的数学分析中推导出来的。

海森堡 1972 年在伯克利演讲时，提到他建立量子理论中的矩阵力学（matrix mechanics）的过程。矩阵力学是他在量子力学领域的两大贡献之一，另一贡献就是测不准原理。海森堡回忆说，1925 年他决定探索矩阵力学方法之初，自己甚至连矩阵乘法（一种基本的高等数学运算）都不会。不过，他自己通过摸索掌握了这种运算法则，接着就建立了自己的理论。这样，科学家们便通过数学运算得出了量子世界的种种行为规则。薛定谔（Erwin Schrödinger）也是在数学的引导下得到了一种异曲同工然而更为简便的量子力学算法——波动方程（wave equation）。

多年来，我一直密切关注着量子理论的发展。我曾在几种著作中探讨过数学和物理学领域内的各种奥秘悬疑：《费马大定理》（*Fermat's Last Theorem*）讲述的是对一个由来已久的问题的神奇验证；《上帝的方程式》（*God's Equation*）说的是爱因斯坦的宇宙常数（cosmological constant）和宇宙扩张；《神秘的阿列夫》（*The Mystery of the Aleph*）描述了人类为理解“无穷大”而作出的种种尝试。然而，我一直都想探讨的量子秘密，却迟迟未能落笔。最近《纽约时报》上刊登的一篇文章，终于让我找到了写作这本书的动力和灵感。这篇文章讨论了爱因斯坦和他的两位同事向量子理论提出的质疑，他们认为能够容许像“纠缠态”这样的“不真实”现象存在的理论必定是不完备的。

> 70年前，爱因斯坦和他的科学界同仁用种种假想实验，证明量子力学所描述的微粒世界的种种奇特规律实在太过诡异，不可能是真实的。别的姑且不论，据爱因斯坦指出，依量子力学理论，对一个粒子的测量行为会同时改变另一个粒子的物理特征，不管两个粒子相隔多远；他认为这种“远距离作用”，即“量子纠缠”，是非常荒诞的，绝不可能存在于自然界中。他挥舞着假想实验的武器，指出假如这种效应果真存在的话，会产生哪些奇怪的结果。然而，即将发表在《物理评论快报》（*Physical Review Letters*）上的三篇论文所描述的实验，却证明了爱因斯坦的观点存在着多么大的偏差。这几个实验不仅表明了纠缠态确实存在——这一点先前已经得到了证实——而且还证实了这种效应可以用来建立不可破解的密码……[2]

以我对爱因斯坦的生平及科研工作的研究，我发现即便是爱因斯坦自己以为（在宇宙常数问题上）出了错的时候，他其实往往还是对的。而在量子领域中，爱因斯坦实际上是该理论的建设者之一。我非常清楚，《纽约时报》所指涉的爱因斯坦1935年的论文，非但没有犯错误，而且事实上还孕育了20世纪最重大的物理学发现——用物理实验揭示的真实的量子纠缠现象。“量子纠缠”是奇特的量子理论最诡异的一个方面；本书所要讲述的就是人类对量子纠缠的探索过程。

相互纠缠的物体（粒子或光子）能够彼此关联，是因为它们在生成的过程中就以某种特殊的方式被捆绑在一起。例如，一个原子中的一个电子的能量下降两个能级时，该原子所释放出的两个光子之间就存在纠缠效应（能级与原子中电子的运行轨道有关）。虽然这对光子的运动方向都是不确定的，但它们总是面对面地出现在母原子的两边。这样的成对光子或微粒，在产生的过程中就被联系在一起，它们会永永远远地互相纠缠。一旦其中的一方发生改变，另一方——无论它在宇宙的哪一个角落——也会同时发生变化。

1935年，爱因斯坦跟他的两位同事，罗森和波多斯基，研究了一种符合量子力学规则、由两个不同粒子构成的系统，结果发现这个系统会发生纠缠。爱因斯坦、波多斯基和罗森于是从彼此分离的粒子之间的这种理论上的纠缠现象，推断说如果量子力学允许如此诡异的相互作用存在的话，这理论一定缺少了什么东西，一定是不完备的。

1957年，物理学家戴维·波姆（David Bohm）和亚克·阿哈朗诺夫（Yakir Aharonov）分析了吴健雄和萨克诺夫（I.Shaknov）大约十年之前所做的一个实验的结果，结论显示彼此分离的系统之间的纠缠效应可能确实存在于自然界中。1972 年，两位美国物理学家，约翰·克劳瑟（John Clauser）和斯图亚特·弗里曼（Stuart Freedman），找到了实验证据，证明了量子纠缠真的存在。几年后，法国物理学家阿莱恩·阿斯派克特（Alain Aspect）及其同事为纠缠现象找到了更具说服力并且更为完整的实验证据。这两批科学家都受到了在日内瓦工作的爱尔兰物理学家约翰·贝尔（John S.Bell）的启发，在贝尔的重要理论发现的基础上，着手证明爱因斯坦–波多斯基–罗森三人的思维实验是对一种真实物理现象的描述，而非为证明量子论不完备而刻意提出的荒谬想法。量子纠缠的存在为量子力学提供了有力的证据，同时冲垮了一种狭隘的“实在观”。

目　录

第一章

神秘的和谐力

“要想披戴伽利略的荣光，光凭遭受来自严酷权威的迫害是不够的，你还必须正确。”

——罗伯特·帕克（Robert Park）

此时此地发生的某种情况能够同一时刻在万里之外引起某种反应，这可能吗？我们在实验室里进行某种测量，而同一时刻，在10英里（16千米）以外，或世界的另一头，乃至宇宙的彼端，一个类似的行为也在发生，这可能吗？令人惊奇的是，与我们所拥有的关于宇宙运作的直觉经验恰恰相反，这种现象确实存在，这就是本书要讲述的“量子纠缠”。“纠缠”中的双方无法逃脱地联系在一起，无论它们之间的距离多么遥远。本书记载了一群科学家，他们穷毕生之力来证明这种量子论所预言的、由爱因斯坦引起科学界广泛关注的诡异效应确实是自然界所固有的现象。

这群科学家对“纠缠效应”进行了研究，以确凿的证据证实了“纠缠”是一种真实存在的现象，同时也发现了这种现象中其他同样令人困惑的方面。我们想象一下：爱丽丝（Alice）和鲍勃（Bob）是一对幸福的夫妇，一次爱丽丝出差离开了家，鲍勃遇见了大卫（Dave）的太太卡罗尔（Carol），正好大卫也不在卡罗尔身边，他跑到世界的另一头去了，离另外三个人都很远。结果鲍勃和卡罗尔纠缠到一起，他们都忘记了各自的配偶，只觉得他们俩本来就是天造地设的一对，注定要厮守终生。与此同时，从未谋面的爱丽丝和大卫鬼使神差地也接上了头，他们彼此远隔千山万水，连面也没有见过，却突然变得像夫妻一样心意相通，两情相悦。如果将故事中的4个人物换成4个粒子，分别标作A、B、C、D，那么上述的咄咄怪事便会真的发生。假如粒子A和B相纠缠，C和D相纠缠，那么我们就可以借助仪器令B和C纠缠起来，从而导致相互分离的A和D之间产生纠缠态。

利用纠缠效应，我们还可以将一个粒子的状态“隐形传输”到一个遥远的地方，就像电视连续剧《星际旅行》中的科克舰长瞬间被送回“伟业号”飞船一样。当然，目前为止还没有人能够“隐形传输”一个大活人，但是一个量子体系的状态已经可以在实验室里进行“隐形传输”了。更有甚者，这种令人难以置信的现象现在还被应用到了密码技术和计算机领域中。

在领先时代的技术领域中，纠缠效应常常被扩大到三个以上的粒子中去。比如，可以创造出一些三粒子体系，每一个体系中的三个粒子都100%相关，也就是说无论其中哪1个粒子发生变化，都会同时引起其他两个粒子的类似改变。这样的三个粒子于是无可逃脱地纠缠在一起，无论它们飞到宇宙的哪一个角落。

1968年的一天，物理学家阿伯纳·西摩尼（Abner Shimony）独坐于波士顿大学的办公室中，他着了魔似的被一篇论文给吸引住了，这篇论文发表在一家不起眼的物理杂志上已有两年。论文的作者是爱尔兰籍的物理学家约翰·贝尔（John Bell），在日内瓦从事研究工作。很少有人能够真正理解贝尔的想法，也没有多少人真正想去理解他，而西摩尼恰恰是这少数人中的一员。他知道贝尔在那篇论文中所阐述和证明的原理，可以用于证实两个粒子能否发生远距离协作。正巧，就在此前不久，他的同事：波士顿大学的查尔斯·威利斯（Charles Willis）教授问他愿不愿意收一位名叫迈克尔·霍恩（Michael Horne）的学生做博士生，指导其统计力学方面的博士论文。西摩尼答应见一见这位学生，但并不太想在任教波士顿大学的头一年就带博士生，他说自己在统计力学方面实在提不出什么好的研究论题。但是，他拿出了贝尔的论文，因为他觉着霍恩可能会对量子力学的基本原理感兴趣。结果，就像西摩尼描述的那样，“霍恩非常聪明，他一下子就发现了贝尔提出的问题大有文章可做。”迈克尔·霍恩把贝尔的论文带回家去研究，同时开始借助贝尔的原理着手设计实验。

无独有偶：在纽约的哥伦比亚大学里，约翰·克劳瑟（John F.Clauser）不约而同地在研读贝尔的这篇论文。他也被贝尔提出的问题所吸引，并且发现了实验的可能性。克劳瑟读过爱因斯坦、波多斯基、罗森三人共同发表的论文，认为他们的想法非常有道理。贝尔的理论显示了量子力学与爱因斯坦及其同事所提出的量子力学“定域隐变量”解释之间的分歧，而这种分歧是有可能用实验来显示的，克劳瑟为此雀跃不已。虽然他对实验的可行性还有怀疑，但他遏制不住检验贝尔预言正确性的欲望。当时他还是研究生，听过他的想法的人都劝他放弃这个念头，老老实实地拿他的博士学位，不要钻进科学幻想里去。然而，克劳瑟比别人更加清楚，量子力学之门的钥匙就藏在贝尔的论文中，他决心要找到它。

大西洋彼岸。数年后，阿莱恩·阿斯派克特（Alain Aspect）在奥塞的巴黎大学光学研究中心底层的实验室里忙得不亦乐乎。他想率先实施一项别出心裁的实验：证明分别位于实验室两端的两个光子能够即时地发生相互影响。阿斯派克特的灵感同样来自贝尔那篇深奥的论文。

日内瓦。尼古拉斯·吉辛（Nicholas Gisin）结识了约翰·贝尔，研读了他的论文，也在琢磨贝尔提出的问题。他也在争先恐后地探索同一个至关重要的问题：这个问题会对实在的本质带来深刻的启发。贝尔理论根植于人类对物理世界的探究，它将爱因斯坦35年之前提出的论点重新发掘出来。要真正理解这些深奥的思想，我们必须回到过去。

第二章

序 幕

“这无边的寰宇存在已久，它独立于我们人类，像一个巨大的永恒的谜在我们眼前铺展，但其中至少有一部分是我们可以考察的。”

——阿尔伯特·爱因斯坦

“量子力学的数学表达并不复杂，然而要将数学表达同物理世界的直观描述联系起来却十分困难。”

——Claude N.Cohen-Tannoudji

《圣经·创世记》中写道：“上帝说：要有光。就有了光。”接着上帝又创造了天地以及其间的万物。人类对光和物质的探索可以追溯到文明的起源；光和物质是人类生存体验中最基本的组成部分。爱因斯坦告诉我们，它们两者的本质是相同的：光和物质都是能量的存在形式。人们一直都想了解这些不同的能量形式是怎么一回事。物质的本质是什么？光又是什么？

古埃及人和古巴比伦人，以及他们的后继者：腓尼基人和希腊人，都曾试图了解物质、光、视觉图像及颜色的奥秘。希腊人率先以现代人的智慧来观察世界，他们对数字和几何非常好奇，同时渴望了解自然界的内部运作和外在环境，因此他们最早提出了物理和逻辑的观念。

亚里士多德（公元前300年）认为太阳是天空中的一个正圆，无瑕无疵，完美无缺。昔兰尼埃拉托斯特尼（Eratosthenes of Cyrene，约公元前276—前194年）测量了埃及南部的塞印（Syene，即今天的阿斯旺［Aswan］）的日照角度和同一时刻遥远的北方城市亚历山大（Alexandria）的日照角度，从而推算出地球的周长。他的计算结果与地球的实际周长25 000英里（40 232.5千米）惊人地接近。

古希腊哲学家亚里士多德和毕达哥拉斯（Pythagoras）在著作中写到了光及其可感知的特性；他们为光的现象大感惊异。腓尼基人在历史上首先发明了玻璃镜片，可以用来放大图像和聚集光线。考古学家已经在地中海东部地区（曾为腓尼基领土）发现了距今3 000年的放大镜。有趣的是，镜片的原理恰恰在于光线在通过玻璃时会减慢速度。

罗马人从腓尼基人那里学到了玻璃制造工艺，罗马人的玻璃制造业发展成为古代世界上的重要工业之一。古罗马的玻璃品质相当高，乃至可以用于制作棱镜。塞内加（Seneca，公元前5—公元45年）最早描述了棱镜以及白光通过棱镜时分解为各种有色光的现象。同样，这一现象也是基于光线传播速度的原理。我们没有发现古代测量光速的实验。似乎古代人认为光是在同一时刻到达不同的地点的，因为光的速度太快了，他们察觉不到光从光源传播到目的地过程中的极其短暂的时间间隔。第一次测量光速的尝试发生在1 600年后。

伽利略是最早测量光速的人。和从前一样，光的实验和玻璃制造技术紧密相连。五世纪罗马帝国灭亡以后，许多罗马贵族和工匠逃散到威尼斯湖区，建立了威尼斯共和国。他们带去了玻璃制造工艺，因此穆拉诺岛（Murano）上的玻璃制造业得以发展。伽利略使用的望远镜质量非常之好——甚至远远超过了最早在荷兰制造的望远镜——因为他的镜片是用穆拉诺玻璃做的。借助这种望远镜，他发现了木星卫星和土星光环，并且断定银河是由大量的恒星组成的。

1607年，伽利略在意大利的两个山头上进行了一次实验。两个山头上各有一名实验员手持灯笼，一名实验员先打开灯笼，另一个山头上的实验员看见亮光后即刻打开自己的灯笼。第一个实验员要测量出从他打开第一盏灯笼到他看见第二盏灯笼的亮光之间的时间差。伽利略精心策划的实验失败了，因为从打开第一盏灯笼到看见第二盏灯笼亮光之间的时间差太微小了。我们还应当注意到，这里要测量的时间间隔很大程度上取决于打开第二盏灯笼的人的反应速度，并不纯粹是光线从一个山头传播到另一个山头实际需要的时间。

差不多70年后，也就是1676年，丹麦天文学家罗默（Olaf Römer）第一个计算出了光速。他借助伽利略发现木星卫星的天文观测方法，设计出一个复杂而巧妙的方案，记录下木星卫星每一次被遮蔽的时间。他知道地球围着太阳转，因而地球相对于木星及其众卫星的位置是不断变动的。罗默注意到木星的卫星每次被木星遮蔽的时间间隔是不均等的。由于地球和木星都围着太阳转，它们之间的距离在变化，因而光从一颗木星卫星传播到地球所用的时间也在变化。利用卫星被遮蔽的时间差值，以及有关地球和木星的公转轨道的知识，罗默算出了光的传播速度。他估算出来的结果，140 000英里/秒（225 308.16千米/秒），与光的实际传播速度186 000英里/秒（299 792千米/秒）还有相当大的差距，不过考虑到当时的年代，以及17世纪钟表的精确度，他的成就——第一次测“定”了光速并且第一次证明了光速并非无穷大——是科学史的一座里程碑。

1638年笛卡儿（Descartes）在《屈光学》一书中谈到光学问题，提出了光的传播定律：反射定律和折射定律。他的著作中蕴含了物理学领域中最受争议的概念：以太。笛卡儿假设光通过一种媒介传播，他将这种媒介称作以太。此后三百年内，科学一直无法摆脱“以太”的影响，直到爱因斯坦提出了相对论，才将“以太”彻底击败。

克里斯蒂安·惠更斯（Christiaan Huygens，1629—1695）和罗伯特·胡克（Robert Hooke，1635—1703）提出了光的波动说。惠更斯曾在荷兰受教于笛卡儿，16岁便成为当时最伟大的思想家之一。他发明了摆钟，在机械方面还有其他成就。他最重大的贡献则是提出了有关光本质的理论。惠更斯认为罗默发现的有限光速说明光必定是一种通过某种媒介而传播的波。基于这种假设，惠更斯建立了一个完整的理论，他将那种媒介设想为以太，由众多微小的有弹性的粒子组成。当这些粒子受到刺激而震动时，就形成了光波。

1692年，艾萨克·牛顿（Isaac Newton，1643—1727）完成了论述光的本质和传播的著作《光学》，该书手稿在他家一场大火中付之一炬，因此重写，之后直到1704年才出版。这部著作严厉批判了惠更斯的理论，认为光不是波，而是由无数微粒组成的，不同颜色的光有不同的传播速度。根据牛顿的理论，彩虹由七种颜色组成：红、黄、绿、蓝、紫、橙、靛。每一种颜色都有自己的传播速度。牛顿把光的七种颜色比作八音盒的七个主要音程。该书的一次次再版，使得牛顿对惠更斯理论的批判不断延续，激化了光是粒子还是波的争论。奇怪的是，牛顿身为微积分的发现者，又是有史以来最伟大的数学家之一，对罗默关于光速的发现却只字不提，也从未对波动理论表示过应有的重视。

不过，牛顿在笛卡儿、伽利略、开普勒（Kepler）、哥白尼（Copernicus）的基础上，建立了经典力学，并且由此建立了因果关系的概念。按照牛顿第二定律，动力等于质量乘以加速度：$F = ma$。加速度是位置的二阶导数（因为加速度是速度的变化率；速度又是位置的变化率）。因此牛顿的定律是包含一个（二阶）导数的方程，又叫（二阶）微分方程。微分方程在物理学里非常重要，因为它描述了变化。牛顿运动定律是一种因果律的表述，解决的是原因和结果的问题。假如我们知道一个宏观的物体的起始位置和速度，又知道作用于该物体的力的大小和方向，那么我们就可以推测出一个将会出现的结果：这个物体在将来某一时刻的位置。

牛顿这优美的力学理论可以预见落体的运动，也可以推断星球的运行轨道。我们可以利用这些因果关系来预言一个物体的运动方向。牛顿的理论像一座宏伟的大厦，它揭示了宏观的物体——我们日常生活中接触到的物件——是如何从一个地点运动到另一个地点的，只要它们的速度或质量不是太大。假如物体的速度接近光速，或者质量相当于巨型星球，牛顿的经典力学便会失去效用，取而代之的应当是爱因斯坦的广义相对论。值得注意的是，爱因斯坦的广义相对论和狭义相对论是对牛顿力学的完善，即便是在牛顿力学仍然相当适用的情况下也能成立。

假如观察的对象是非常微小的电子、原子、光子等微粒，牛顿的理论同样不能起作用，它反而会使我们失去因果的概念。量子世界并不具有我们从日常生活中所了解的因果关系结构。另外，对于运动速度接近光速的微粒，应当使用相对论性量子力学（relativistic quantum mechanics）。

经典物理学中一个至关重要的原理——同时也和我们要讨论的话题密切相关——是动量守恒定律。物理量的守恒定律早在三个多世纪就已经为物理学家所了解。牛顿在1687年发表的《自然哲学的数学原理》一书便阐述了质量和动量的守恒定律。1840年，德国医师迈尔（Julius Robert Mayer）提出了能量守恒的推断。当时迈尔在一艘由德国驶向爪哇的轮船上做随航医生。在热带地区为船员疗伤时，他注意到从他们伤口流出的血液比他在德国见到的血液要红。迈尔此前接触过拉瓦锡（Lavoisier）的理论，拉瓦锡发现人体组织从血液中获取氧，将糖分氧化，从而产生热量。迈尔认为在气温较高的热带地区，人体需要产生的热量少于较为寒冷的北欧地区，因而热带地区的人血液中有更多的氧，其血液也因此更红。迈尔由人体与环境能够进行热量交换的现象，推断出能量是守恒的。焦耳（Joule）、开尔文（Kelvin）、卡诺（Carnot）用实验的方法也得出了同样的结论。在此之前，莱布尼兹已经发现了动能可以转化为势能，反过来势能也可以转化为动能。

任何形式的能量（包括物质）都是守恒的——也就是说，能量不可能无中生有。动量、角动量（angular momentum）、电荷也是如此。动量守恒在本书所要讨论的主题中占有非常重要的位置。

假设一个滚动的台球击中了一个静止的台球，滚动的球对静止的球就会有一个特定的动量——其质量与速度的乘积，$p = mv$。这个乘积，即台球的动量，在该系统中必然守恒。一个球击中另一个球时，其速度会减慢，而被击中的球则同时开始运动。此刻这个双球系统的速度与质量的乘积必定和两球相撞之前相等（静止的球的动量本来为零，于是滚动的球的动量一分为二）。这可以用下图来表示，相撞之后两球向不同的方向运动。

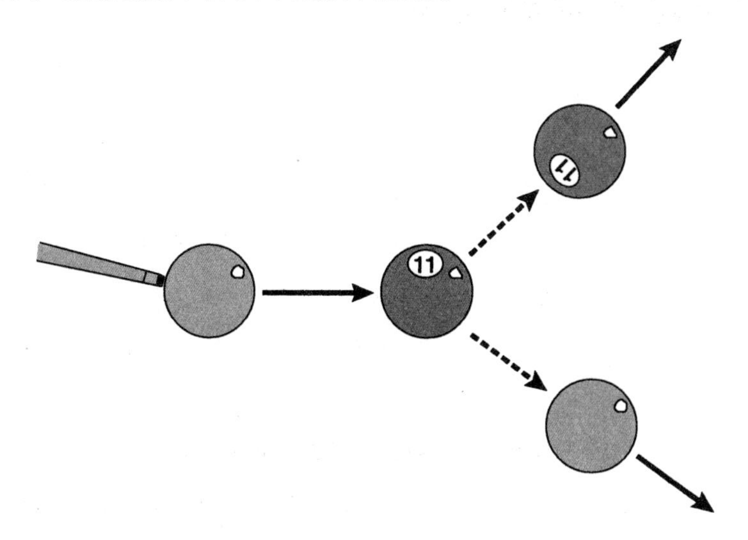

在任何物理过程中，输入的总动量都等于输出的总动量。若将这条原则运用在量子世界中，产生的结果会与这个简单而直观的守恒概念大不相同。量子力学中，在某一时刻发生了相互作用的两个微粒——就好像上面所说的两个台球那样——会继续保持相互纠缠的状态，其相互作用的程度远远大于两个台球：无论其中一个微粒发生了什么变化，无论它距离另一个微粒有多远，其变化都会即时影响另一个微粒。

第三章

托马斯·杨的实验

“我们决定研究一种不可能以经典物理学来解释的现象（双缝干涉实验），它是量子力学的核心问题之所在。事实上，它蕴藏着量子力学唯一的奥秘。”

——理查德·费曼（Richard Feynman）

托马斯·杨（Thomas Young，1773—1829）是一位英国医生兼物理学家，他的实验改变了我们对光的认识。杨自幼颖慧，有神童之称。两岁便能阅读，6岁时已将《圣经》诵过两遍，而且学会了拉丁文。19岁以前，他已经能够流利地使用13种语言，包括希腊语、法语、意大利语、希伯来语、迦勒底语、叙利亚语、撒玛利亚语、波斯语、埃塞俄比亚语、阿拉伯语、土耳其语。他研究过牛顿的微积分、力学、光学方面的著作，还有拉瓦锡的《化学元素》。同时，他还阅读戏剧，研究法律，学习政治。

18世纪末期，杨在伦敦、爱丁堡、哥廷根等地学医，并取得了医学博士学位。1794年，他入选英国皇家学会，三年后，他进入剑桥大学，取得了第二个医学博士学位，并加入了英国皇家医学院。一个有钱的叔父去世后，杨继承了一所位于伦敦的住宅和一大笔资财，于是杨移居伦敦，开办了一间诊所。他做医生并不成功，倒是把大量精力投入到了科学研究实验中去。杨研究了视觉现象，提出眼睛具有三种感受器（receptor），分别用于接收红、绿、蓝三种基本颜色的光。杨在自然哲学、生理光学等方面皆有建树，而且是最早破译埃及象形文字的人之一。他在物理学方面的最大贡献，是他为光的波动说争得了学界的认可。他那次举世闻名的双缝干涉实验，证明了光的波动说中的干涉效应确实存在。

杨在双缝实验中使用了一个光源和一个遮光屏。他在遮光屏上开了两条狭缝，使光从狭缝中穿过。他又在遮光屏后面放置了一个屏幕。光线由光源射向带有两条狭缝的遮光屏，屏幕上便会出现干涉条纹。

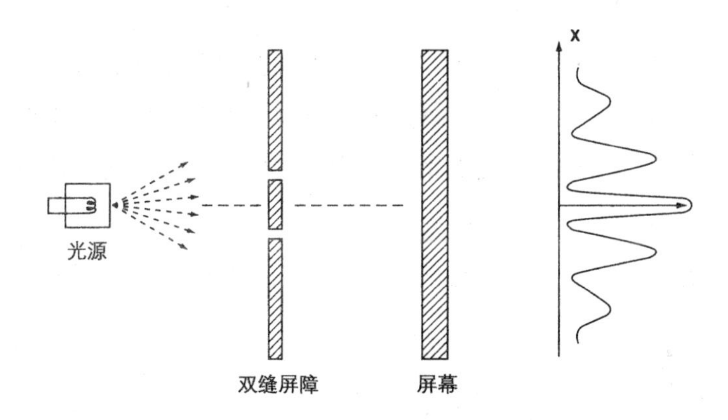

干涉条纹是波的特征。波可以互相干涉，而粒子则不能。理查德·费曼非常重视杨氏双缝实验的结果，因为同样的现象亦可见于电子及其他可以确定位置的量子，他著名的《费曼物理学讲义》第三卷的第一章就用了大量篇幅来描述此类实验。[3] 他认为双缝试验的结果正是量子力学的根本奥秘之所在。理查德·费曼在《讲义》中以子弹为例证明粒子不可能产生波那样的干涉现象。假设一支枪对着一个开有双缝的屏障随意发射子弹，会出现下图所示的情形：

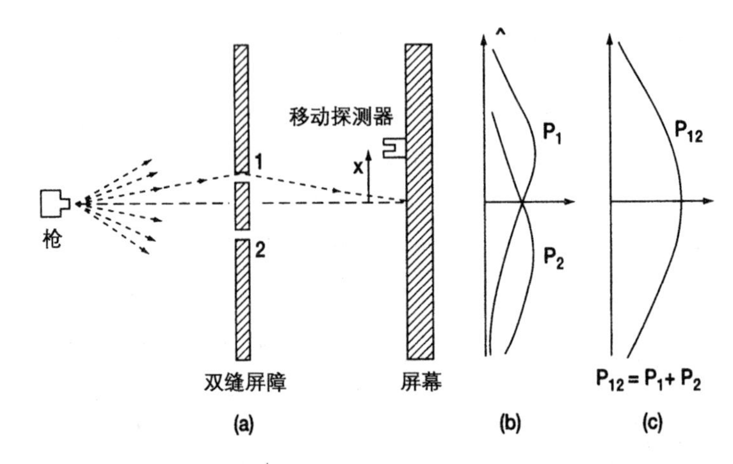

而假如通过双缝屏障的是水波，则会发生下图所示的情形。这里我们看见的干涉条纹，就像杨的实验中由光产生的干涉条纹一样，因为我们所用的是经典的波。两列波的振幅或者互相叠加，形成波峰，或者互相抵消，形成波谷。

因此杨的实验证明了光是波。可是，光真的就只是波吗？

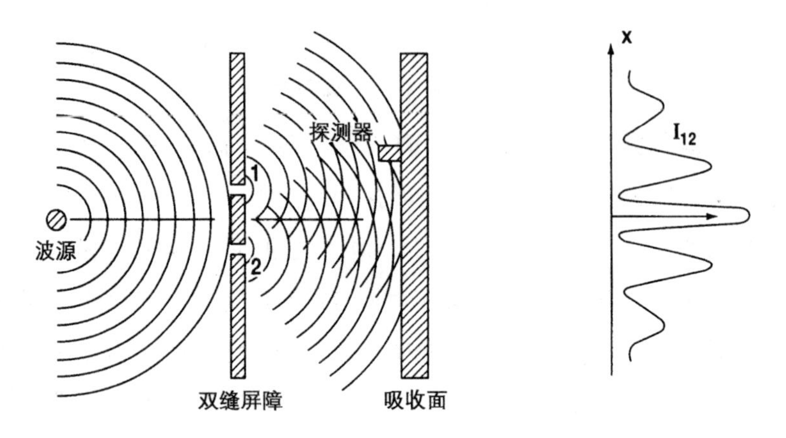

光的波粒二象性直到21世纪仍然是物理学的一个重要领域。创立于20世纪二三十年代的量子力学，实际上巩固了光既是波又是粒子的观点。1924年，法国物理学家路易斯·德布罗意（Louis de Broglie）提出电子和其他粒子也具有波的特性。实验证明他是正确的。爱因斯坦于1905年在推导光电效应的过程中，提出了光由粒子组成的理论，粗看起来与牛顿的观点一致。爱因斯坦发现的光粒子就是后来人们所说的光子（photon），这个名称是源自希腊文中代表“光”的单词。根据量子理论，光可以既是波，又是粒子，这种看似矛盾的二象性已成为现代物理学的支柱。不可思议的是，光同时表现出波和粒子的特性：既能像波一样发生干涉和衍射，又能像粒子一样在与物质发生相互作用时具有定域性。两条光线之间的相互干涉与两个立体声喇叭发出的声波之间的干涉非常相似，另一方面，光与物质之间的相互作用的特征又是粒子所独有的，就如光电效应一样。

杨的实验表明光是波。但我们也知道光在某种意义上是粒子：即光子。在20世纪，科学家用极其微弱的光重复了杨的实验，这种光每次只释放一个光子，因而感光屏一次只能接收一个光子，而不可能同时接收到好几个光子。令人惊奇的是，在一段时间以后，逐个抵达感光屏的光子积累起来，形成了同样的干涉条纹！如果实验仪器上只有一个光子，它能跟什么发生干涉呢？答案似乎是：它自个儿。可以这么说吧，每一个光子穿过两道狭缝——而不是一道——出现在感光屏上时，它同它自己发生了干涉。

杨的实验已经被人们用许多不同的、可以称作粒子的物体重复过：20世纪50年代开始用电子，20世纪70年代开始用中子，20世纪80年代开始用原子。无论用什么，同样的干涉条纹都出现了。这些发现证明了德布罗意的理论：粒子也会产生波的现象。比如，1989年，外村彰（A.Tonomura）及其同事用电子做了一次双缝实验，实验结果清晰地呈现出干涉条纹，请看下图：

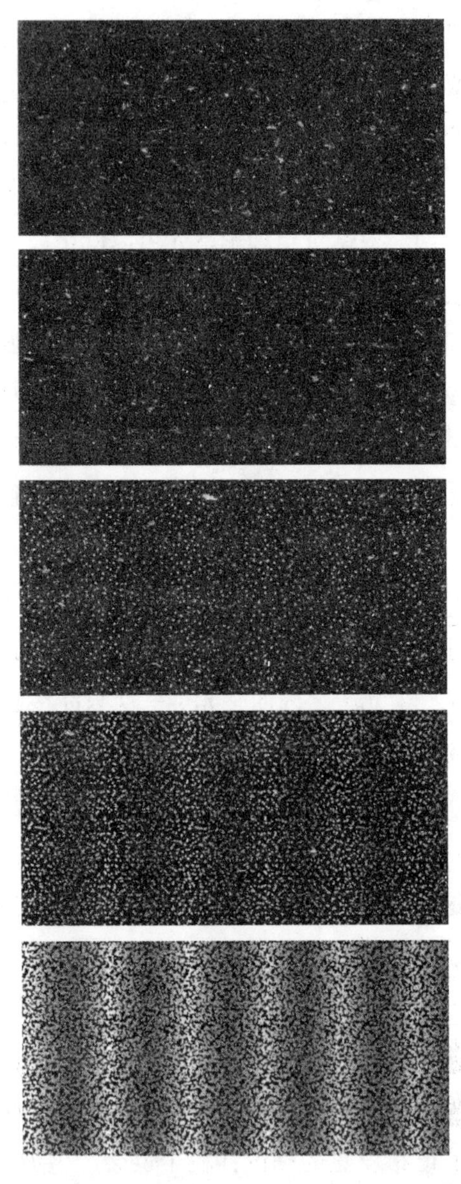

1991 年，安东 · 塞林格（Anton Zeilinger）与其同事用运动速度仅为 2 千米 / 秒的中子，得到了同样的干涉图样，实验结果如下：

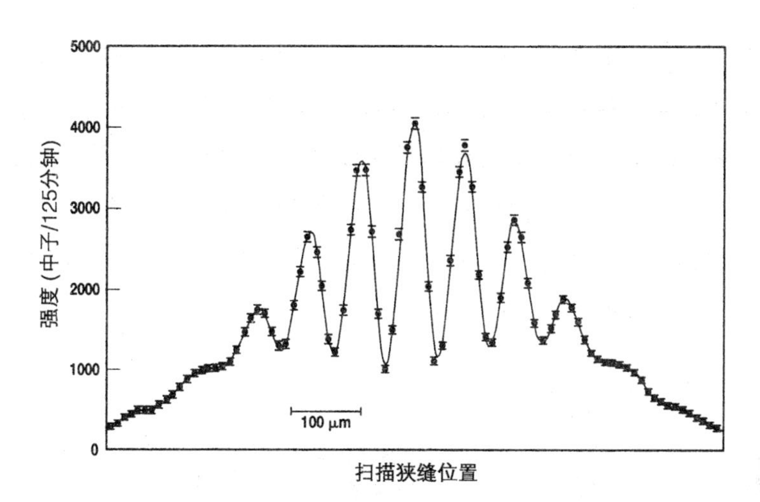

原子也能产生同样的图像，这表明波粒二象性在较大的粒子上同样存在。

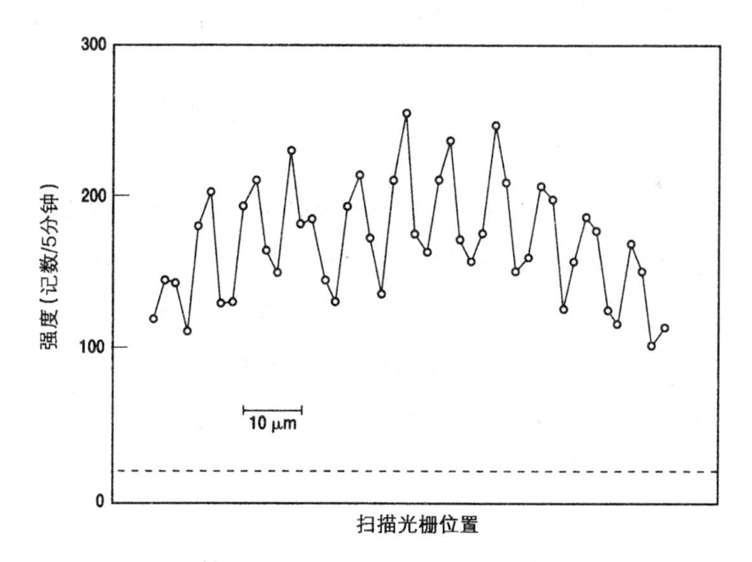

塞林格等人在薛定谔和马赫（Mach）曾经工作过的维也纳大学，把理论又往前推进了一步。他们将有关量子系统的知识扩展到微观粒子世界之外（不过应当指出：物理学家现在知道一些宏观系

统也具有量子特性，例如超导体）。巴基球（a bucky ball）是一个由 60 ～ 70 个碳原子构成的网格球状结构，是巴克明斯特·富勒（Buckminster Fuller）令这种球状结构出了名，巴基球也因他而得名（亦称“富勒烯”）。由 60 个原子构成的分子与原子相比较是一个较大的物体，而在塞林格等人的实验中，它产生了同样神秘的干涉条纹。实验设计如下图所示：

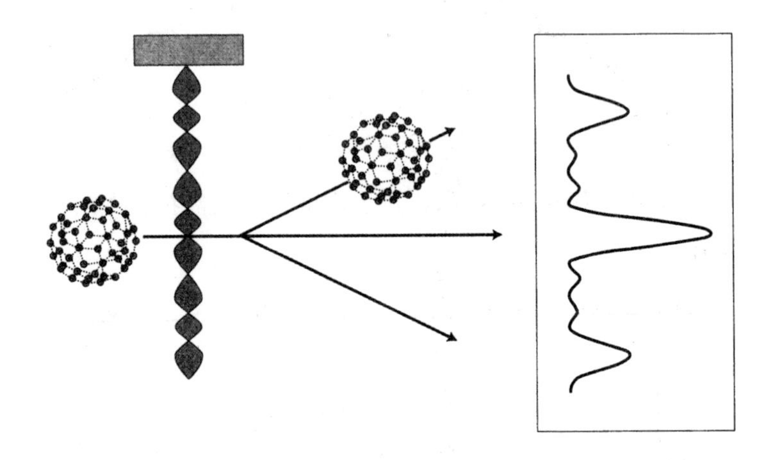

在上述每一项实验中，我们都看到粒子表现出波的特性。这些实验也曾以每次一个粒子的形式进行过，而干涉条纹仍然会出现。这些粒子究竟与什么发生干涉？答案是，我们可以说每个粒子并非仅仅通过一道狭缝，而是同时通过了两道狭缝——于是乎该粒子便“跟自个儿发生了干涉”。我们在这里所看见的就是量子的“态叠加原理”的具体表现。

态叠加原理指出，一个系统的新状态可以由两种或两种以上的状态构成，新的状态同时具有构成该状态的各种状态的属性。假设 A 和 B 是一个粒子的两种不同的属性，例如两个不同的位置，那么叠加态 A + B 便同时具有状态 A 和状态 B 的特征。也就是说，如果我们要观测该粒子的位置，就会发现该粒子处于 A 和 B 两种位置的概率都不为零，但绝不可能处于 A 和 B 以外的位置。

在双缝实验中，实验装置令粒子具有了一种特定的叠加态：粒子穿过狭缝 A 时处于状态 A，穿过狭缝 B 时处于状态 B。该叠加态是“粒子穿过狭缝 A”和“粒子穿过狭缝 B”的结合，记作 A + B。两道狭缝被捆绑在一起，于是在测量粒子位置时，会发现有两种概率非零的可能性。假如我们要观察粒子穿过实验装置的过程，那么它有 50% 的可能性穿过狭缝 A，同时有 50% 的可能性穿过狭缝 B。假如我们不观察粒子穿过实验装置的过程，而只观察它最终落在感光屏上的形态，叠加态就会始终存在，就是说，粒子穿过两道狭缝，抵达感光屏时，它跟自个儿发生了干涉。叠加态是量子力学最大的奥秘。态叠加原理中包含了量子纠缠的观念。

何谓量子纠缠?

量子纠缠是态叠加原理在一个由两个（或两个以上的）子系统构成的复合系统中的体现。这里的子系统就是一个粒子。我们来看看两个粒子发生纠缠是怎么一回事。假设粒子 1 处于 A 和 C 两种状态之一，A 和 C 代表两种相抵触（不可并存）的状态，比如说两个不同的位置。同时，粒子 2 可能处于 B 和 D 两种状态之一，B 和 D 同样代表两种相矛盾的属性，如两个不同的位置。状态 AB 称为生成态（a product state）。当整个系统处于状态 AB 时，我们知道粒子 1 处于状态 A，而粒子 2 处于状态 B。类似地，整个系统若处于

状态 CD，则粒子 1 处于状态 C，粒子 2 处于状态 D。现在我们来考虑 AB + CD 的状态。这种状态是在这整个双粒子体系中借助态叠加原理得到的，态叠加原理使该体系可以处于这样一种复合状态，AB + CD 的状态即为纠缠态。生成态 AB（CD 亦同）赋予粒子 1 和粒子 2 确定的属性（比如说，粒子 1 处于位置 A 而粒子 2 处于位置 B)，而纠缠态则不然，因为纠缠态是一种叠加态。纠缠态只能说明粒子 1 和粒子 2 有相关联的概率，也就是说，假如我们对两个粒子进行观测的话，若粒子 1 处于状态 A，则粒子 2 必定处于状态 B；同理，若粒子 1 处于状态 C，则粒子 2 处于状态 D。大体的意思就是：当粒子 1 和粒子 2 发生纠缠时，我们无法撇开一方来孤立地描述其中一个粒子的状态。尽管当两个粒子处于生成态 AB 或 CD 时我们可以说出其中某个粒子的状态，但是如果它们是处于叠加态 AB + CD，我们就不能孤立地观测到其中一方的状态。正是由于两种生成态的叠加，才产生了纠缠态。

第四章

普朗克常量

“普朗克提出了一个全新的、从未有人想到的概念，即能量结构原子化的概念。”

——阿尔伯特·爱因斯坦

1900年，量子力学诞生了，同时带来了种种奇怪的推论，35年之后爱因斯坦及其同事才提出了量子纠缠的问题。量子理论的诞生，必须归功于一位杰出的科学家——马克斯·普朗克（Max Planck）。

马克斯·普朗克1858年生于德国基尔，其家族中人才辈出，有不少牧师、律师及学者。其祖父和曾祖父均为哥廷根大学的神学教授。普朗克的父亲：威廉·普朗克（Wilhelm J.J.Plank），是基尔的法学教授，他激发了儿子心中强烈的求知欲。马克斯·普朗克在家排行第六，其母出身教牧世家。普朗克一家财力颇丰，每年举家前往波罗的海沿岸度假，游遍了意大利和奥地利。他们崇尚思想自由，反对俾斯麦的政见，不肯随波逐流。马克斯·普朗克更自认思想比家人更加解放。

马克斯·普朗克在学生时代成绩尚可，但不算出众——虽说分数大体令人满意，可也从未名列前茅。他在语言、历史、音乐、数学方面颇有天分，对物理则没有太大的兴趣，成绩平平。他学习勤勉，相当刻苦，但未见得是一个惊世奇才。普朗克的思维很有条

理，但反应较慢，往往不能迅速作答。任何课题一旦着手，便会心无旁骛地做下去，决不肯中途搁置。他在高中时是一个孜孜矻矻的好学生，但绝非天生慧质的学问家。他常说自己在学术方面天生反应较慢，这是非常令人惋惜的。看见别人能够同时研究几个不同的课题，他总感到十分惊奇。他有点害羞，不过师长和同学们都非常喜欢他：他注重内心的修养，忠厚勤勉，诚实无伪，襟怀坦白。高中期间，有位老师认为数学和自然律之间是和谐互通的，鼓励普朗克在此方面加以探索。于是，普朗克进入慕尼黑大学之后，便转向了物理学研究。

1878 年，普朗克选择了热力学作为论文题目，1879 年完成。该论文探讨了两个经典热力学原理：能量守恒定律和熵增加原理，这两个原理概括了一切可观测的物理过程的基本特征。普朗克从热力学的这两条原理推导出了几个具体的结论，又加上了一个重要假设：熵值最大时系统才会处于稳定的平衡态。他强调热力学不必依赖任何原子假说便可得到理想的结果，因此科学家只需研究一个系统的宏观性质即可，不必理会该系统的微小组成部分（诸如原子、分子、电子等）有没有发生什么状况。

由于热力学原理解释了各种系统的整体的能量结构，它们在物理学中仍然是至关重要的。举例来说，这些原理可以用来判断内燃机的输出功率，还可广泛应用于发动机操纵等领域。能量和熵是物理学中的重要概念。也许人们以为普朗克的研究成果当时会大受欢迎，其实不然。慕尼黑和柏林（普朗克在柏林学习了一年）的教授们对他的研究并没有表现出太大的兴趣，甚至不认为其成果值得称道或认可。有一位教授甚至对普朗克避而不见，乃至普朗克在预备博士论文答辩期间都无缘向他呈交论文。普朗克最终还是拿到了学位，并且在他的父亲的几个朋友的帮助下十分幸运地谋得基尔大学的副教授职位。1885 年普朗克一入职，就立志为自己的研究以及热力学正名。他参加了哥廷根大学举办的一次竞赛，主题是解释能量的本质。他的论文赢得了二等奖——一等奖空缺。不久，他得知若不是因为他在参赛论文中批评了哥廷根大学的一位教授，一等奖就非他莫属。虽然如此，他的获奖还是引起了柏林大学物理学教授们的注意；1889 年，他受聘成为柏林大学物理系副教授。

终于，理论物理学界开始重视热力学原理对能量和熵的概念的解释，普朗克的研究也得到了越来越多的认可。柏林大学的同事们频繁地借阅他的博士论文，结果那本论文很快就散了架。1892 年，普朗克晋升为柏林大学教授，1894 年荣任柏林科学院院士。

19 世纪末，物理学已经被视为一门完整的学科，它对种种现象以及实验结果的解释已经相当令人满意。其中的力学理论，从伽利略著名的比萨斜塔自由落体实验开始建立，至 18 世纪初叶在天才物理学家牛顿手中臻于完善，这一切在普朗克出现以前二百年已经发生。力学以及与之相伴而生的万有引力定律所解释的是宏观物体的运动，包括我们日常生活中肉眼可见的物体以及行星和月球等天体。它们解释了物体是如何运动的，力是质量和加速度的乘积，运动的物体具有惯性，地球对所有物体都产生万有引力作用。牛顿告诉我们，月球围绕地球运行的轨道其实是月球向着地球不断“下落”的结果，而这种“落体”运动则是由两个星体之间相互作用的万有引力造成的。

物理学还包含了由安培（Ampere）、法拉第（Faraday）、麦克斯韦（Maxwell）建立的电学和电磁学理论，该理论吸收了“场”的概念——看不见，摸不着，但能对物体发生作用的电场或磁场。麦克斯韦建立了能够准确描写电磁场的方程式，他得出结论：光波就是电磁波。1831 年，法拉第造出了第一台发电机，应用电磁感应原理来发电。只要转动位于电磁场两极之间的铜制圆盘，即可产生电流。

1887 年，当时普朗克羽毛尚未丰满，而赫兹（Heinrich Rudolf Hertz，1857—1894）已经完成了无线电波的实验。赫兹曾在偶然间注意到被紫外光照射的锌片会带电，殊不知他已不经意地发现了能够揭示光与物质之间关系的物理现象——光电效应。几乎同时，玻尔兹曼（Ludwig Boltzmann，1844—1906）提出气体由分子构成的假设，并用统计的方法来研究气体分子的运动。1897 年，科学界取得了一项极其重大的发现：汤姆逊（J.J.Thomson）推断出了电子的存在。

能量的概念，在经典物理学的各个组成部分中都是至关重要的。在力学中，质量与速度平方的乘积除以 2 即为“动能”的计算公式；另外还有一种能量叫做“势能”。高高的悬崖上有一块石头，这石头就具有势能，只要轻轻一推，石头落下悬崖，它所具有的势能即转化为动能。热也是一种能量，这我们在中学物理中就已经学过。熵是无序性的量度，由于无序性是不断增长的，我们便有了熵增加原理——如果试过帮小朋友整理玩具，就会很容易理解无序性不断增长的道理。

因此，物理学界完全应当承认普朗克对能量和熵的理论是有小小贡献的。19 世纪末，普朗克在热力学方面的研究终于在德国得到了认可，他被柏林大学聘为教授。这一时期，普朗克开始研究一个有趣的问题，就是所谓的黑体辐射问题。依照经典物理学的思路，我们可以推断由一个高温物体发出的辐射在光谱的蓝色或紫色端的亮度会很大，因此火炉里烧得通红的木头除了发出 X 射线和伽马射线外，应该还会放射紫外线。可是这种被称为“紫外灾难”现象在自然界中并没有发生。没有人知道对此应当作何解释，因为经典物理学的的确确说明了辐射能量会有这一光谱段。1900 年 12 月 14 日，普朗克在德国物理学会宣读了一篇论文，文中所得出的结论十分令人费解，连他自己也很难相信，但那些结论却是“紫外灾难”现象没有发生的唯一合理的解释。普朗克的论题是：能量的分布是量子化的。能量不会连续不断地增加或减少，它总是一个基本能量单位（即“量子”）的整数倍，普朗克将“量子”表示为 $h\upsilon$，其中 υ 是被研究系统的辐射频率，h 是一个基本常数，现在称作“普朗克常量”（普朗克常量值为 $6.626\,2 \times 10^{-34}$ 焦耳・秒）。

经典物理学中的瑞利-金斯（Rayleigh-Jeans）定律告诉我们黑体辐射的亮度在光谱的紫外端会达到无穷大，因此出现“紫外灾难”。而自然界却不是如此运作。

根据十九世纪物理学（麦克斯韦和赫兹的研究），振荡电荷会产生辐射，其频率（波长的倒数）用 v 来表示，其能量为 E。普朗克用自己的常数 h 建立了一个麦克斯韦-赫兹振子的能级公式：$E = 0$，hv，$2hv$，$3hv$，$4hv...$，即 $E = nhv$，其中 n 为非负整数。

普朗克的公式非常神奇，它所反映的黑体空腔内的能量和辐射状况与物理学家们从实验中得到的能量曲线完全吻合，因为在普朗克的公式中能量是一份一份地释放出来的，每一份能量的大小取决于振荡频率。现在，如果加给振子的那一份能量（从其他途径获取）小于普朗克公式推算出的能量值，则辐射强度会降低，而不是无限度地累加到“紫外灾难”的程度。

普朗克将量子召唤到了历史舞台上，从此以后，物理学的面貌焕然一新。在接下来的几十年里，人们无数次地证实了量子是一个真实的概念，自然界（至少说，由原子、分子、电子、中子、光子等构成的微观世界）确实是这样运作的。

普朗克自己却对这一重大发现感到有些困惑，他也许无法从哲学的层面上理解量子。他的方程式很灵验，跟实验数据精确地吻合，可问题是：为什么是量子？这个问题不单是他，连在他之后的几代物理学家和哲学家，都在追问，而且不断地追问下去。

普朗克非常爱国，他信仰德国的科学。在他的敦请下，1914 年爱因斯坦来到了柏林，又是在他的大力举荐下，爱因斯坦入选了普鲁士科学院。希特勒上台之后，普朗克曾力劝其不要下令撤销犹太学者的职位，他从未放弃自己的反对立场，而某些非犹太籍的学者则妥协了。他一直留在德国，终其一生推进祖国的科学事业。

1947 年，普朗克逝世。在他有生之年里，量子理论已经发展成熟，成为解释微粒世界的物理定律。虽然普朗克在研究中发现了量子，又因此引发了这场科学革命，但他本人却无法彻底接受量子的概念。他似乎对自己的发现感到十分困惑，从根本上说，他始终是一位非常传统的物理学家，因为他几乎没有进一步介入自己一手掀起的科学革命。然而，科学仍以不可逆转之势轰轰然闯入了现代世界。

第五章

哥本哈根学派

> “作用量子（quantum of action）的发现不仅揭示了经典物理学与生俱来的局限性，而且在我们眼前展开了自然科学中未为人知的一页，为认识那些我们无从观测却又客观存在的现象提供了一线亮光。”
>
> ——尼尔斯·玻尔（Niels Bohr）

1885年，尼尔斯·玻尔（Niels Bohr）出生于哥本哈根市一座建于16世纪的宅邸。这座豪宅坐落在丹麦国会对面，世世代代为富豪名流所拥有。玻尔20岁时，此宅便归了希腊国王乔治一世。

早先买下此住所的是玻尔的外祖父戴维·阿德勒（David Adler），他是位银行家，且是丹麦国会议员。尼尔斯的母亲艾伦·阿德勒（Ellen Adler）出生于一户定居丹麦的英裔犹太人家庭，玻尔的父族则已在丹麦繁衍了数代，其祖先原出梅克伦堡大公国（the Grand Duchy of Mecklenburg），属德国的丹麦语地区，早在18世纪末就移居了丹麦。玻尔的父亲名叫克里斯汀·玻尔（Christian Bohr），他是位医生，也是科学家，曾以其呼吸方面的研究获得诺贝尔奖提名。

戴维·阿德勒另有一处乡村府邸，距哥本哈根约10英里（16.09千米）。尼尔斯便在这一城一乡两个十分舒适的居所被抚养长大。他在哥本哈根上学，绰号叫“胖子”，因为他块头大，还经常和伙伴们摔跤。他是个好学生，尽管不是班里的第一名。

玻尔的父母让孩子们尽量施展自己的才华。玻尔的弟弟哈罗德（Harald Bohr）精于算学，后来成了杰出的数学家。玻尔自幼便好奇心很强，乐于探索。在校求学时，他就做过一个实验，通过观察水柱的振动来测定水的表面张力。这项研究设计精巧，测量精确，获得了丹麦科学院的金质奖章。

上大学时，玻尔深受当时丹麦著名物理学家克里斯汀·克里斯廷森（Christian Christiansen）教授的影响。这师徒二人惺惺相惜。玻尔曾在书信中赞扬克里斯廷森教授在物理学方面“见解深刻独到、禀赋出众超凡”，深感逢此良师为平生之大幸事；克里斯廷森1916年也在致玻尔的一封信里说：“我从未遇见过像你这样穷根究底，锲而不舍且对生活如此热爱的人。”[4]

同时，玻尔还受到丹麦最杰出的哲学家哈罗德·霍夫丁（Harald Høffding）的影响。霍夫丁是玻尔父亲的朋友，玻尔在上大学之前，就已经跟霍夫丁有了长期的交往。霍夫丁和其他一些丹麦学者在玻尔家的宅邸里定期聚会，讨论学术，克里斯汀·玻尔准许自己的两个儿子——尼尔斯和哈罗德——到聚会中听讲。霍夫丁后来对玻尔构建的量子论的哲学意义产生了浓厚的兴趣；另一方面，有人指出，玻尔提出的量子互补性原理（quantum principle of complementarity）（详见下文）也是受了霍夫丁哲学的影响。

玻尔在哥本哈根大学一路读到物理学博士，1911年他以金属电子论为题撰写了论文。在他建构的理论模型里，金属被视为一团电子气，其中的电子在由金属正电荷所产生的电势范围内自由运动，这些正电荷是金属原子的原子核，呈点阵排列。玻尔的理论模型并不能解释所有的问题，其局限性正是由于它是借助经典理论来理解金属电子的活动，而非初具雏形的量子论。他的理论模型相当成功，因而论文答辩吸引了许多听众，场上座无虚席。克里斯廷森教授主持了这场答辩，他说该文没被翻译成外语是很可惜的事，因为丹麦人中能够理解这一物理理论的寥寥无几。玻尔后来将论文寄给了多位顶尖的物理学家（他在论文里借鉴了他们的论著），其中包括马克斯·普朗克（Max Planck），可是无人回应，因为没有人能看懂丹麦文。1920 年，玻尔试图将该论文翻译成英语，可惜终究未能成愿。

完成博士学业后，玻尔去了英国，从事一项由丹麦嘉士伯基金会（Danish Carlsberg）支持的博士后研究。他在汤姆逊（J.J.Thomson）的指导下，在剑桥卡文迪许实验室工作了一年。卡文迪许实验室是世界一流的实验物理研究所，在汤姆逊之前主持该实验室的是麦克斯韦（Maxwell）和瑞利（Rayleigh）。有二十多位诺贝尔奖得主先后在这里产生。

汤姆逊因发现电子而获得了 1906 年的诺贝尔奖，他在科学研究方面有极其强烈的野心和冲动。助手们往往得把实验过程中拍摄的胶片藏起来，以免他不等胶片晾干就抢去观察，弄得胶片上满是指印。他一心想用电子论来重写物理学，并要超越其前任——伟大的麦克斯韦。

玻尔在卡文迪许实验室工作非常勤奋，但他在吹制特殊的玻璃实验器皿时常常碰到麻烦，一会儿打破试管，一会儿又跟陌生的语言纠缠不清。为了提高英语，他读狄更斯的小说，每读两个词就得查一次词典。更糟的是，汤姆逊不是一个容易相处的工作伙伴。汤姆逊叫玻尔处理阴极射线管的问题，这是个死胡同，得不出任何结果。玻尔在汤姆逊的计算中发现了一处错误，而汤姆逊却是个容不得批评的人。汤姆逊不喜欢别人来指正自己，玻尔则因为英语太烂根本没法把问题说清楚。

在剑桥，玻尔认识了卢瑟福勋爵（Lord James Rutherford，1871—1937）。卢瑟福曾对放射性进行过开创性的研究，他发现了中子，并论证了原子结构，这些成就使他在物理学界饱受赞誉。当时玻尔的理论尚未得到广泛的接受，他有意前往曼彻斯特去与卢瑟福共事，卢瑟福表示欢迎，但建议他先取得汤姆逊的同意。汤姆逊正巴不得玻尔离开，况且他对卢瑟福的中子论也不以为然。

到了曼彻斯特，玻尔便展开了自己的研究工作，后来也因此成名。他借助卢瑟福的理论，开始分析原子的性质。卢瑟福让玻尔处理金属铝吸收 α 粒子的实验。玻尔每日在实验室工作很长时间，卢瑟福经常去看望玻尔和其他研究生，对他们手里进行的工作表现出很大的兴趣。一段时间以后，玻尔去找卢瑟福，表示更喜欢搞理论物理，不愿成天待在实验室里。卢瑟福同意了，于是玻尔待在家中，用铅笔和稿纸做研究，很少再进实验室。后来他说，他很高兴不必再去见任何人，因为“那里面的人懂的都不多”。

玻尔研究的是电子和 α 粒子的问题，他用一个模型来描写他和实验物理学家观察到的现象。经典理论在这里变得捉襟见肘，于是玻尔跨出了大胆的一步：把量子的各种规则用在他所研究的粒子上。在著名的氢原子理论中，玻尔在两个方面利用了普朗克常量：其一，他发现，在他的氢原子模型中，运行在轨道上的电子的角动量具有跟普朗克常量相同的量纲（dimension），由此他假定运动中电子的角动量为普朗克常量除以 2π 的商的整数倍，即：

$$mvr = h/2\pi,\ 2\,(h/2\pi),\ 3\,(h/2\pi),\ \cdots\cdots$$

等号左边的算式即为角动量的经典定义（m 表示质量，v 表示速度，r 表示轨道半径）。角动量量子化的假设令玻尔进而直接将原子的能量量子化。

其二，玻尔假设当氢原子从一个较高能级落入较低的能级时，它所释放出来的能量为一个爱因斯坦光子。我们在后面将会看到，爱因斯坦认为光线中最小的能量大小为 hv，其中 h 为普朗克常量，v 表示频率，以每秒钟振动的次数来测定。在这个基础上，玻尔加上自己的角动量量子化假设，他便可借助普朗克的量子理论来解释原子内部的状况了。这是物理学上的一个重大突破。

玻尔在离开曼彻斯特回到哥本哈根之后完成了有关 α 粒子和原子的论文，该论文发表于 1913 年，标志着他的研究工作转向了量子理论和原子结构问题。玻尔从来没有忘记他之所以能建立原子的量子理论，是得益于卢瑟福发现中子的启示。后来，他称卢瑟福为自己的“第二位父亲”。

回到丹麦，玻尔供职于丹麦技术研究所，1912 他跟玛格丽特·诺伦德（Margrethe Nørlund）结婚。她在玻尔身边陪伴了他一生，而且还在玻尔组建哥本哈根理论物理研究所的过程中发挥了重要作用。

1913 年 3 月，玻尔给卢瑟福寄去了原子结构论文的第一章，他请自己过去的导师把这篇论文转寄给《哲学杂志》(*Philosophical Magazine*）发表。这篇文稿令他由一个年轻有为的物理学家一跃成为举世瞩目的科学泰斗。玻尔的突破性发现就是，用经典理论来描述原子是不可能的，有关原子现象的一切问题只有借助量子理论才能找到答案。

玻尔的研究一开始只是为了解释最简单的原子——氢原子，就在他解决氢原子问题的过程中，物理学界发现了氢原子会产生一系

列特定频率的辐射，也就是著名的里德伯系（Rydberg series）、巴尔末系（Balmer series）、莱曼系（Lyman series）、帕邢系（Paschen series）、布拉开系（Brackett series）——这些谱系分别代表了被激发的氢原子的辐射光谱的一个区域，包括紫外区、可见光区和红外区。玻尔想用一个方程来解释为什么氢只发出这些特定频率的辐射，而不产生其他频率的辐射。

玻尔从氢辐射谱系的所有已知数据中推导出，氢产生的每一种辐射频率都是由于氢原子的一个电子从一个较高能量级落入一个较低能量级。当电子由某较高能级向某较低能级跃迁时，其初始能量与最终能量之差便以一个能量子（quantum of energy）的形式发射出来。这些能量级和能量子之间的关系可以用以下公式来表示：

$$E_a - E_b = h\nu_{ab}$$

公式中 E_a 表示围绕氢原子核运动的电子的初始能级；E_b 表示当该电子由初始能级发生跃迁以后所在的能级；h 表示普朗克常量；ν_{ab} 表示该电子由第一个能级跃迁到第二个能级的过程中释放出的光子的频率。这可以用以下列图表来表示：

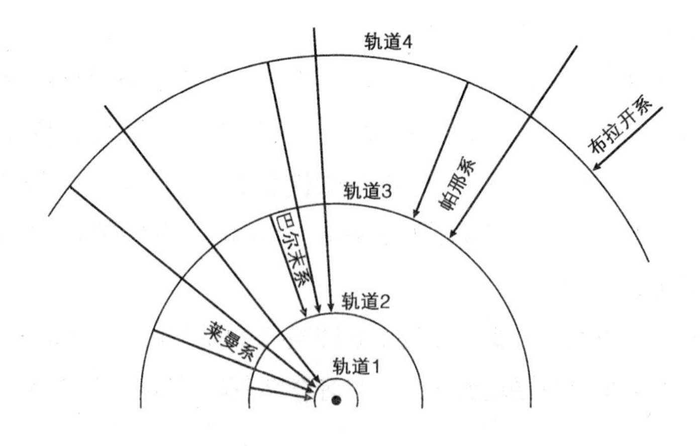

卢瑟福的简单原子模型与实际情况并不完全吻合。卢瑟福的原子模型是依据经典物理学来建构的，假如原子果真如模型所描写的那样简单，它至多只能存在一亿分之一秒便要消失。玻尔则将普朗克常量用在原子理论上，这一惊人之举从容地化解了卢瑟福模型的困境。至此，量子理论才能解释所有的氢辐射现象，而在此之前，这些辐射现象已令物理学家们困惑了数十年。

玻尔理论被部分地运用于解释其他元素电子的运行轨道和能量，帮助我们理解元素周期表、化学键和其他的基本现象；量子理论终于得到了前所未有的妥善利用。人们越来越清楚地认识到：在原子、分子、电子领域中，经典物理学捉襟见肘，而量子理论才是解释微观物理现象的正确途径。

玻尔巧妙地解释了氢原子产生的一系列不同的光谱线，但还有一个问题有待回答：为什么？为什么一个电子要从一个能级跃迁到另一个能级，电子又怎么知道自己应该这样运动？这是因果律（causality）的问题。因果律是量子理论无法解释的问题。事实上，在量子世界里，因果关系是模糊的，无从解释，也无意义可言。卢瑟福一收到玻尔的论文便提出了这个问题。同时，玻尔理论只能解释某些特殊的量子现象，而尚未形成足以解释一切量子现象的普适公式。这主要是时间问题，要等到德布罗意（de Broglie）、海森堡（Heisenberg）、薛定谔（Schrödinger）等人建构起“新量子力学”（new quantum mechanics）的时候，量子物理的普适公式才被建立起来。

发现原子的量子本质之后，玻尔名声大噪。他请求丹麦政府给他一个理论物理学职位，政府答应了。玻尔此时成了丹麦的宠儿，全国上下对他尊崇备至。在接下来的几年内，玻尔继续在曼彻斯特

与卢瑟福共事，他也会到其他地方去会见众多的物理学同行。这些联系使他日后得以建立自己的研究所。

1918年，玻尔获得了丹麦政府的许可，成立了他的理论物理研究所。他得到了嘉士伯啤酒提供给丹麦皇家科学院的基金，随后举家迁入了位于他的新研究所内的一座嘉士伯家族的府邸。来自世界各地的许多青年的物理学者常常到研究所里来，做一两年的短期研究，从这位伟大的丹麦科学家那里汲取灵感。玻尔与丹麦皇室的联系日渐紧密，同贵族以及各国的精英也有广泛的交往。1922年，他以量子理论方面的研究获得了诺贝尔奖。

玻尔在自己的研究所里举办定期的科学会议，许多世界顶尖的物理学家都曾到那里去探讨科学见解，哥本哈根于是成为量子力学发展过程中的世界性研究中心：自20世纪初叶的草创阶段直到第二次世界大战爆发以前。该研究所在玻尔去世以后被命名为“尼尔斯·玻尔研究所”，曾在该所工作过的科学家以及参加过该所会议的学者日后建立了所谓量子力学的“哥本哈根解释”，通常被称作“正统解释”。“哥本哈根解释”形成于1925年左右，在“新量子力学”诞生之后。根据量子理论的“哥本哈根解释”，观测到的现象与未观测到的现象之间有明确的界限，量子系统是亚微观的（submicroscopic），不包括测量工具或测量过程。在此后多年之中，随着量子理论的逐渐成熟，“哥本哈根解释”将受到种种新生观念的挑战。

量子物理学家之中将要爆发一场大辩论，这场辩论始于20世纪20年代，而于1935年达到最高潮。首先发起挑战的是爱因斯坦，而玻尔在他一生剩余的岁月中将不断与爱因斯坦争论量子理论的意义和完备性。

第六章

德布罗意导波

“1923 年，我独自冥思苦想了很久，突然有了一个主意，爱因斯坦 1905 年的发现应当得到推广，运用到所有的物质粒子，特别是电子上。”

——路易斯·德布罗意

路易斯·维克托·德布罗意公爵（Duke Louis Victor de Broglie）1892 年出生于迪耶普（Dieppe）一个显赫的法国贵族家庭，德布罗意家族出过许多外交家、政治家以及军事领袖。路易斯在 5 个孩子中排行最小。他的家人希望路易斯敬爱的长兄莫里斯（Maurice）到军队服役，因而路易斯也决心追随大哥效忠法兰西。莫里斯选择了海军，因为他自幼醉心于自然科学，而且觉得加入海军可能会有机会研究自然科学。后来，他果然把科学应用到实践中，在一艘轮船上安装了法国第一台无线电发报机。

莫里斯离开军队后，曾在土伦（Toulon）和马赛大学学习，继而搬到巴黎的一处府邸居住，他把一个房间作为实验室，在里面研究 X 射线。为了得到实验助手，聪明的莫里斯对自己的贴身男仆进行了科学实验的入门培训，并且最终将自己的仆人培养成一名专业的实验助手。他对科学的痴迷感染了他的小弟弟路易斯，很快，路易斯也对科研产生了浓厚的兴趣，帮助他做起了实验。

路易斯就读于巴黎索邦大学（Sorbonne），研究中世纪历史。

1911年，莫里斯参加了布鲁塞尔召开的著名的索尔维会议（Solvay Conference），担任大会秘书，爱因斯坦等世界一流的物理学家汇聚一堂，探讨了物理学激动人心的新发现。回国后，莫里斯对自己的小弟弟描述了所听到的精彩的科学发现，路易斯对物理学更加心驰神往。

不久，第一次世界大战爆发了，路易斯·德布罗意应征入伍，加入了法国军队。他在无线电通讯部门服役，这在当时是一个新兴的机构。在位于埃菲尔铁塔顶部的无线电报部门工作期间，他学到了不少有关无线电波的知识。日后，他果然在波的研究方面闻名于世。大战结束后，德布罗意回到大学，师从于一批法国最优秀的物理学家和数学家，其中有保罗·朗之万（Paul Langevin）和埃米尔·波莱尔（Emile Borel）。他设计了波的实验，在他哥哥建立的自家的实验室里做实验，德布罗意非常喜爱室内乐，因而从乐理角度上对波也有广博的知识。

德布罗意拿到了哥哥从索尔维会议带回来的论文集，看得十分入迷，最吸引他的就是新生的量子理论。自1911年索尔维会议开始，量子问题在此后若干年内举行的每一届索尔维会议上不断地被讨论。德布罗意研究了索尔维会议讨论的各种理想气体，后来借助量子理论，成功地把波的原理应用于分析此类气体的物理性质。

1923年，德布罗意在巴黎攻读博士学位，正如他日后所说的，"突然之间，我发现光学的危机仅仅是因为人们无法理解确实普遍存在的波粒二象性"。就在那一瞬间，德布罗意发现了这种二象性。1923年在巴黎学会9月及10月的论文集中，他就这一课题发表了三个短篇报告，提出了"粒子即波，波即粒子"的假设。后来，他进一步阐述了这一观点，并将这一发现完整地呈现在博士论文中，

1924 年 11 月，他参加了博士论文答辩。

德布罗意采纳了玻尔的原子理念，他将原子看作一件乐器，能够发出一个基本音和一系列的泛音。他认为所有的粒子应该都具有这种波的特质，后来他这样描述自己的尝试："我想以一种非常具体形象的方式来展现波和粒子的联合体，将粒子看作是一个有定域的（localized）物体，是一列传播中的波的组成部分。"德布罗意将这种与粒子联系在一起的波称作"导波"（pilot wave）。宇宙中的每一个微粒都这样跟一列穿越空间的波联结在一起。

德布罗意推导出一些数学概念，用于描述他的导波。借助一些公式以及普朗克常量 h，德布罗意推出了一个重要的方程，这成为他留给科学史的一笔财富。他将粒子的动量 p，与该粒子所在的导波的波长 λ，通过普朗克常量联结起来，简洁地表述为：

$$p = h/\lambda$$

德布罗意的想法非常巧妙。这里，他利用量子的方法，来表述粒子和波之间的关系。粒子具有动量（在经典物理学中，动量是该粒子的速度与质量的乘积）。现在这个动量直接跟该粒子所在的波联系起来了，因而根据德布罗意的公式，在量子力学中，当我们把粒子视为波的时候，粒子的动量等于普朗克常量除以波长的商。

德布罗意未能推导出用以描述被视为粒子的波的方程，这个任务将由另一位伟大的科学家薛定谔来完成。此后几年内，许多实验都证明了粒子确实具有波的性质，德布罗意遂以其开拓性的发现获得了诺贝尔奖。

德布罗意始终活跃在物理学界，他活到 95 岁高龄，于 1987 年逝世。德布罗意在科学界成名之后，物理学家乔治・伽莫夫

（George Gamow，《震撼物理学的三十年》的作者）曾到巴黎登门拜访过他。伽莫夫在德布罗意府邸门前按响了门铃，男管家出门迎接。他说："我想见德布罗意教授。"管家微微低头鞠了一躬，固执地要求："您应该说德布罗意公爵先生！""好吧，我求见德布罗意公爵先生。"伽莫夫说，管家这才让他进了门。

* * *

粒子也是波么？波也是粒子么？量子论给我们的回答是肯定的。量子系统的一个重要特征就是：粒子即是波，当粒子穿过双缝实验装置时，会产生波所特有的干涉现象。同样的，波也可以是粒子，爱因斯坦在他那篇获得诺贝尔奖的光电效应论文就谈到了这一点，在本书后面的章节中会另有介绍。光波也是一种粒子，叫做光子。

激光是一种相干（coherent）光，其中所有的光波都是同相的（in phase），因此激光才具有那么大的能量。2001年的诺贝尔物理学奖由三位科学家共同获得，他们发现原子也具有类似于光的特质，一团原子可以全部处于一个相干态，就像激光一样。这证实了爱因斯坦和他的科学同道——印度物理学家玻色（Saryendra Nath Bose）——在20世纪20年代提出的一个猜想。当时玻色是达卡大学（University of Dacca）一位籍籍无名的物理学教授，1924年他给爱因斯坦写了一封信，信中描述了爱因斯坦的光量子（即光子）如何能构成一种"气"，就像由原子或分子构成的气体一样。爱因斯坦回了信，对玻色的论文作了修改，并联名发表了。这种由玻色和爱因斯坦提出的气体，是一种新的物质形态，构成该气体的粒子作为个体，没有任何特征，无法区别彼此。"玻色–爱因斯坦"新物态引出了爱因斯坦的“分子间的某种神秘的相互作用的假设”。

“玻色–爱因斯坦”统计数据启发了爱因斯坦，使他能够率先预测出极低温度下的物质的运动。在这种极低的温度下，液化气体的黏滞性（viscosity）消失了，代之以超流动性（superfluidity）。这种变化被称为“玻色–爱因斯坦凝聚”。

1924 年，路易斯·德布罗意将博士论文交给了巴黎的保罗·朗之万。朗之万是爱因斯坦的朋友，他对德布罗意提出的物质具有波的特性的观点非常赞赏，遂将这篇论文转寄给爱因斯坦，询问其看法。爱因斯坦看了德布罗意的论文后，认为“非常出色”，后来还借助德布罗意波来推导他和玻色发现的新物态的波动性。不过，人们始终没有亲眼看见玻色–爱因斯坦凝聚态……直到 1995 年。

1995 年 6 月 5 日，科罗拉多大学的卡尔·维曼（Carl Weiman）和美国国家标准与技术研究所（the National Institute of Standards and Technology）的埃里克·康奈尔（Eric Cornell）利用高能激光和能够将物质冷冻到接近绝对零度的新技术，对大约 2 000 个铷原子进行过冷处理（Supercoding），结果发现这批铷原子呈现了玻色–爱因斯坦凝聚态的特征。它们形成了一朵微小的乌云，其中的所有原子都失去了个性，只呈现出单一的能量态。实际上，这些原子已经结成了一个独立的量子整体（quantum entity），具有其中所有原子的德布罗意波的特征。此后不久，麻省理工学院的沃尔夫冈·克特勒（Wolfgang Ketterle）再次得到了同样的实验结果，他改善了实验设计，生成了由原子组成的“激光”。这三位科学家因而共同获得了 2001 年的诺贝尔物理学奖。德布罗意的奇思妙想在新的实验设置中得到了再证实，量子力学的边界也随之被扩展到肉眼可见的物体上。

第七章

薛定谔和他的方程

“量子纠缠不仅仅是量子力学的一个典型特征，它是量子力学的全部特征之所在。”

——埃尔文·薛定谔

1887年，埃尔文·薛定谔（Erwin Schrödinger）降生在维也纳市中心一个富裕的家庭。他是家中唯一的孩子，深得几位姑母的宠爱，一个姑姑甚至在他尚未谙熟母语（德语）的时候便教他读写英语。薛定谔从小就养成了记日记的习惯，并终生坚持了下来。他在幼年时便喜欢质疑，对人们通常以为理所当然的事情也要追问究竟。记日记和质疑，成为薛定谔科学生涯中非常有益的两种习惯，使他日后终能为新兴的量子理论做出极其重大的贡献。质疑我们在日常生活中以为千真万确的事物，对于探索微粒世界来说是至关重要的。同时，薛定谔的日记本在他建立波动方程的过程中更是功不可没。

薛定谔11岁时入读高级中学，学校离家只消几分钟的步程。那所高级中学除了教授数学和科学外，也为学生开设希腊语言文化、拉丁文、古代经典（包括奥维德、李维、西塞罗、荷马等人的著作）等课程。薛定谔喜爱数学和物理，成绩非常优秀，他总能轻松而巧妙地解决问题，令同伴目瞪口呆。同时，他也喜欢德语诗歌和古代语言及现代语言中的逻辑。存在于数学和人文学科里的逻辑，塑造了他的思维，为日后艰深的大学学习做好了准备。

薛定谔酷爱远足、登山、戏剧、漂亮女孩——这些爱好会在他一生的行为中留下印记。小时候，他在学校里学习很刻苦，玩起来也很拼命。他用大把的时间游山玩水、学习数学、追求他最好的朋友的妹妹——美丽的黑发女郎，名叫洛特·瑞拉（Lotte Rella）。[5]

1906 年，薛定谔就读维也纳大学（欧洲最古老的学府之一，成立于 1365 年），学习物理。维也纳大学的物理学研究有着深厚的传统，薛定谔入学前曾在这里从事过物理研究的伟大物理学家有原子理论的倡导者玻尔兹曼（Ludwig Boltzman）和理论物理学家马赫（Ernst Mach），爱因斯坦也曾从马赫的研究中得到过启发。薛定谔在维也纳大学师从弗兰茨·埃克斯纳（Franz Exner），做实验物理学研究，他的一部分研究与放射性有关。维也纳大学当时是放射性研究的重要基地，身在巴黎的居里夫人便是从维也纳大学物理学系提供的一些放射性物质样本中发现了重要的放射性元素。

薛定谔的同学非常钦佩他在物理和数学方面的才华，他的朋友遇到数学难题也总是找他来帮忙。他在维也纳大学修读的数学科目中有一门是微分方程，成绩很优秀。这种特殊的才能将在他的科学生涯中发挥无法估量的作用：不仅帮助他解决了一生中最大的难题，而且也将他置于量子力学的开山鼻祖之列。

薛定谔就读维也纳大学的时候，这座古老的学府正处于学术研究的鼎盛时期；他的大学生活是多姿多彩的。薛定谔在大学期间不仅保持了运动才能，而且社会交往极为广泛：他交了一大群好朋友，一起在闲暇时登山远足。一次，在阿尔卑斯山，他为照顾一位登山时摔断了腿的朋友彻夜未眠；这个朋友一被送进医院，他转头就去滑雪，一滑就是一整天。

1910 年，薛定谔完成了物理学的博士论文，题目叫《潮湿空气中绝缘体表面的导电现象研究》。这个课题对放射性研究有一定的启发，但这篇论文却算不上是精彩的学术成果。薛定谔忽略了许多理应考虑到的因素，他的分析既不完整又缺少创意。尽管如此，这篇论文还是足够换取博士学位了。毕业后，他志愿加入了炮兵部队，在深山里服了一年兵役。此后，他回到维也纳大学，在物理学实验室当助理，同时准备学校规定的教师资格论文，以便争取课业辅导员的职位。他的论文《磁体的动力学理论研究》，试图从理论角度去解释各种混合物的磁性，这篇论文也是平平无奇，但是达到了任职要求。于是，薛定谔在维也纳大学得到了一席教职，他的学术生涯也由此展开。

没过多久，二十岁出头的薛定谔又遇见一位豆蔻女郎，并且爱上了她。她的名字叫弗利希・克劳斯，出生于奥地利下层贵族家庭。两人很快便如胶似漆，并且不顾女方家人反对，私订了终身。弗利希的母亲尤其反对这门亲事，她决不允许女儿嫁给工人阶级，因为她认为大学教师的收入是不可能让女儿过上舒适体面的生活的。无奈之中，薛定谔一度想放弃教职，到弗利希的父亲开办的工厂里工作，而女孩的父亲对他的请求根本不予理睬。最后，在女孩母亲的重重压力下，这一对恋人解除了他们之间非正式的婚约。尽管弗利希后来嫁了他人，她和薛定谔仍是亲密的朋友。这也是薛定谔一生始终保持的一种生活模式：无论他走到哪里——即便在婚后——身边总有一群红颜知己。

薛定谔在维也纳大学的实验室继续他的放射性研究。1912 年，他的同事维克多・黑斯（Victor Hess）携带着测量辐射的仪器，乘坐气球飞到 16 000 英尺（4 876.8 米）的高空。他研究的问题是：

为什么辐射现象不仅能在蕴藏着镭、铀等辐射源的地面附近探测到，在远离地面的高空中同样可以发现放射线？黑斯在气球上惊奇地发现，空中的辐射强度是地面辐射强度的三倍。于是黑斯发现了宇宙辐射，并因此获得了诺贝尔奖。薛定谔则参与了一项相关的研究，探索地表的背景辐射，带着辐射探测仪走遍了奥地利。这次探索之旅附带地满足了他对户外运动的热爱，还让他交了一群新朋友。1913 年，薛定谔在户外探测射线时，遇到了他在维也纳认识的朋友，正和家人一起度假。同行的有一个漂亮的妙龄少女，名叫安妮玛丽·伯特尔（Annemarie Bertel，昵称“安妮”）。26 岁的科学家和 16 岁少女一见如故，在此后几年中又屡屡会面，渐渐相爱，最后结为夫妻。安妮对薛定谔始终如一，甚至容忍了薛定谔跟其他女子的亲密交往。

1914 年第一次世界大战爆发，薛定谔再度加入炮兵部队，在意大利前线作战。他上了战场仍继续自己的物理学研究，在专业期刊上发表论文。这个时期的论文还是表现平平，不过题目十分有趣。薛定谔花了不少时间研究色彩理论，加深了人们对不同波长的光的理解。还在维也纳大学的时候，薛定谔在一次色彩实验中发现自己是有色觉障碍的。

1917 年，薛定谔完成了他的第一篇量子力学论文，探讨原子热和分子热。在研究这个课题的过程中，他注意到玻尔、普朗克及爱因斯坦的相关研究。在一战结束前，薛定谔不仅涉足了量子理论，而且开始关注相对论。此时，他已经站到了理论物理学的前沿。

战后数年间，薛定谔先后执教于维也纳大学、耶拿大学（Jena）、伯勒斯劳大学（Breslau）、斯图加特大学（Stuttgart）、苏黎世大学（Zürich）。1920 年，薛定谔在维也纳跟安妮·伯特尔举行了婚礼。由于安妮的收入高过薛定谔的大学工资，薛定谔心里很不是滋味，因而不断地在欧洲各地的大学谋职。薛定谔通过安妮结识了汉希·鲍尔，汉希日后也成为薛定谔终身亲密交往的女友之一。

1921 年，薛定谔在斯图加特大学供职，开始认真钻研量子理论，并且推进了量子力学的发展。玻尔和爱因斯坦仅比薛定谔略为年长一些，而他们在二十多岁的时候就已经在量子领域取得了成就。薛定谔年事渐长，科学事业却仍未见起色。现在，他把精力集中到建立碱性金属光谱线模型的研究上。1921 年下半年，薛定谔被任命为苏黎世大学理论物理学教授，这可是个炙手可热的职位。同年，他发表了第一篇重要的量子力学论文，在玻尔研究的基础上探讨单个电子的量子化轨道。不料，他来到苏黎世大学不久，就被诊断出肺病，医生要求他到海拔较高的地方疗养。薛定谔夫妇选择了阿尔卑斯山的阿罗萨村（Arosa），靠近达沃斯（Davos），海拔约 6 000 英尺（1 828.8 米）。康复后，他们回到苏黎世，1922 年薛定谔在苏黎世大学发表了就职演说。1923 年和 1924 年间，薛定谔的研究围绕光谱理论、光、原子理论以及元素的周期性等课题展开。1924 年，37 岁的薛定谔应邀参加布鲁塞尔的索尔维会议，物理学界最伟大的科学家汇聚一堂，其中包括爱因斯坦和玻尔。薛定谔在会上几乎只是在旁听，因为他尚未发表任何不同凡响的论文。

量子理论在当时还远远没有成形，埃尔文·薛定谔拼命在量子领域寻找自己能有所建树的课题。时间对他来说太紧迫了，如不能快快做出成绩，他就将永远这样碌碌无为、籍籍无名，沉没在科学的边界线上，而别人则在轰轰烈烈地创造着科学史。1924 年，苏黎世大学的彼得·德拜（Peter Debye）请薛定谔在大学的研讨会上就德布罗意的关于粒子的波动理论的一篇论文做一个报告。薛定谔研读了德布罗意的论文，开始思索其中的观点，并且决心进一步探索下去。他对德布罗意的粒子和波的概念整整研究了一年，没有任何突破。

1925年圣诞节的前几天，薛定谔去了阿尔卑斯山，下榻阿罗萨的海尔维希别墅（Villa Herwig），四年前他曾与安妮一起在这里疗养了几个月。这一次，他单独前往。从他的书信中我们可以了解到，他从前在维也纳认识的一个女朋友在那里陪他，并且跟他同居到1926年初。撰写薛定谔传的作家沃尔特·莫尔（Walter Moore）在这个神秘女友的身份问题上花费了不少笔墨[6]：她是不是洛特、弗利希、汉希或者别的什么人？不管怎么样，按物理学家赫尔曼·外尔（Hermann Weyl）的说法，薛定谔跟神秘女郎的这段艳情激发了他的潜能，致使他在量子理论上找到了突破。就在这个圣诞假期里，就在跟秘密情人阿尔卑斯山相聚的日子里，薛定谔建立了今天著名的“薛定谔方程”。薛定谔方程是一种数学规则，用于描述量子力学范围内的微观粒子的统计学行为，它是一个微分方程。

微分方程是体现一个量与其导数之间的关系的数学等式，也可以说，微分方程是对一个量与其变化率之间关系的描述。比如说，速度即是位置的导数（变化率）。假如你以每小时60英里（96.54千米）的速度运动，那么你在地面上的位置就是以60英里（96.54千米）每小时的变化率在改变。加速度是速度的变化率（当你加速运动时，你在提高驾驶速度），所以说加速度是位置的二阶导数，因为加速度是位置变化率的变化率。用来表述位置和速度及加速度之间的关系的等式就是二阶微分方程。

薛定谔着手推导可用于描述微观粒子（例如电子）的量子行为的方程之前，经典物理学已经得出了不少广为人知的微分方程。比如，大家都知道的金属内部的热传导方程，经典波（如振动的绳子上的波、声波等）的方程。薛定谔修过几门微分方程的课，很清楚这方面的情况。现在他的任务是寻找一个方程来描述粒子波（particle wave）的传导，也就是德布罗意发现的具有微粒特性的那种波的运动。薛定谔根据已有的经典波的方程，设想出他的方程所应采用的形式。不过，他必须确定该方程对位置应当取波的一阶导数还是二阶导数，以及对时间应当取波的一阶导数还是二阶导数。突破性的进展终于出现了：他发现对时间应当用一阶方程，而对位置应当用二阶方程。

$$H\Psi = E\Psi$$

上述公式就是不考虑时间因素（time-independent）的薛定谔方程的最简化的写法。Ψ 表示一个粒子的波函数，这就是微粒的德布罗意“导波”。不过，现在这不再是一个假想中的存在，而是一个可以用薛定谔的方程来研究和分析的实实在在的函数。H 表示一个算子，它有自己的运算公式，告诉它如何处理波函数：取一个导数并且将波函数乘以一些数字，其中包括普朗克常量 h。算子 H 会对波函数进行运算，运算的结果便是方程右边的能量级 E 与波函数的乘积。

薛定谔的方程已经非常成功地运用到量子物理的许多具体问题中。物理学家只要写出上述方程，套用在具体情况中，例如：置于微型盒子中的一个粒子，或者置于势场中的一个电子，或者一个氢原子；然后解出该情形下的方程。薛定谔方程的解便是波。

在物理学中，波通常是用三角函数来表示，最常见的是正弦函数和余弦函数，它们的图像看上去就是波的形状（物理学家也用别的函数来表示波，比如指数函数）。下图就是一个典型的正弦波的函数图。

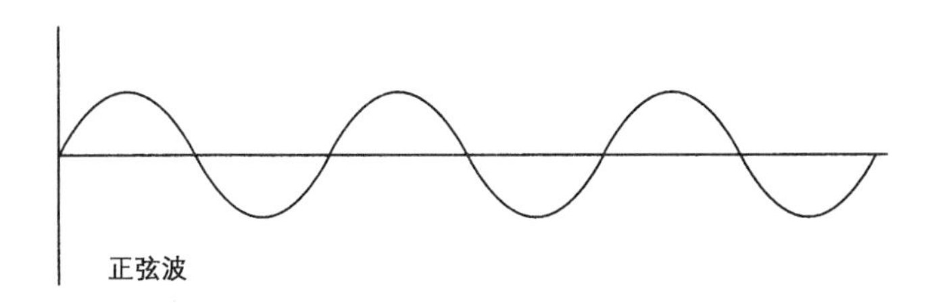

在解薛定谔方程的时候，物理学家会得到一个波函数，比如：$\Psi = A\sin(n\pi x/L)$（这是置于一个狭窄的微型盒子里的粒子的波函数，“sin”表示形状像波的正弦函数，方程中的其他字母代表各种常量以及一个变量（x）。这里最关键的部分就是正弦函数）。

薛定谔用他的波动方程，把量子力学推向了一个很高的层次。这下子，科学家们可以处理具体的波函数了，就像上述例子那样用确切的符号来描述微粒或光子。至此，量子论的几个最重要的方面已经一目了然。其中两个重要的概念是“概率性”（probability）和“叠加性”（superposition）。

我们在研究量子系统时——每个量子系统都有一个相关的波函数 Ψ——我们不再是研究一个个可以精确表达的数值。每一个量子只能用它的各种概率来描述——而不能用任何确切的数字或符号来表示。概率完全由波函数 Ψ 决定。量子力学的概率解释是马克斯·玻恩（Max Born）提出的，虽然爱因斯坦比他知道得更早。粒子在指定位置出现的概率等于该粒子的波函数在该位置上的振幅的平方：

$$概率 = |\Psi|^2$$

这个公式在量子论中极其重要，它很大程度上代表了量子论的精华。在经典物理学中，我们——从理论上说——可以百分之百确定地测量、判断、预言一个运动物体的位置和速度。经典（宏观）物理学的这个特征非常有用。例如，借助经典物理学原理，我们可以让宇宙飞船在月球上着陆，更不用说驾驶汽车或者开门这样简单的活动了。在微粒世界里，我们无法预言物体的运动，我们的任何一种预言从本质上说都是统计学意义上的预言。我们要想判断一个粒子将会出现在哪里（假定这个位置真实存在并且可以观察到），只能用各种不同结果可能出现的概率的方式来表述（或者说，一大群粒子中的多大一部分会出现在某个特定位置）。薛定谔方程便使我们能够做出这种概率性的预言。几十年后，人们从数学上证明了量子力学所能产生的结论只能是概率性的，并不存在某些能够减少这种不确定性而尚未被人们发现的量。量子论从本质上说是概率性的。

概率是用概率分布来表达的，在量子论里面概率具体表示为波函数的振幅的平方。预言量子的状况跟预言汽车的运动是不一样的：比如说，假如你知道汽车的速度和初始位置，那你就可以推测出它在以给定速度行驶了一定时间后的位置，只要时间和速度可以准确地测量。如果你驾车以每小时 60 英里（96.54 千米）的速度行驶两小时，那么你会抵达离初始位置 120 英里（193.08 千米）的地方。在量子世界里，这是不可能的，你最多只能以概率的方式来预言结果。就好比掷两只骰子，每只骰子静止时给出任何一个点数的概率都是 1/6，两只骰子是互不影响的，因此掷出两个 6 点的概率，是一只骰子掷出 6 点的概率 1/6 和另一只骰子掷出 6 点的概率 1/6 的乘积，即 1/36。所以，两只骰子掷出 12 点的概率是 1/36。两只骰子掷出的概率最高的点数是 7，概率为 1/6。两只骰子掷出的点数的分布图如下：

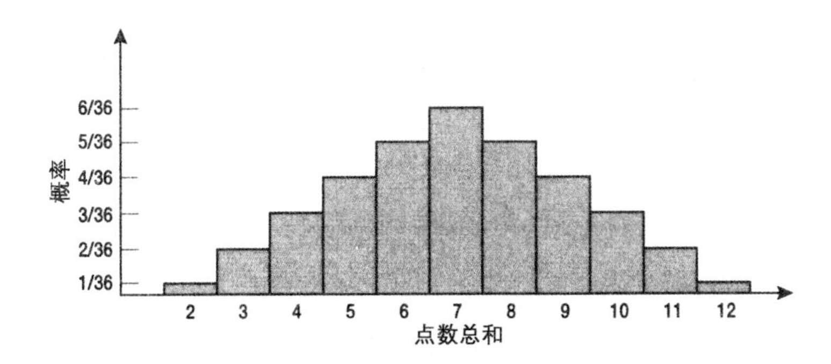

波函数 Ψ 的振幅的平方的分布图形状通常像一个铃铛，如下图所示：

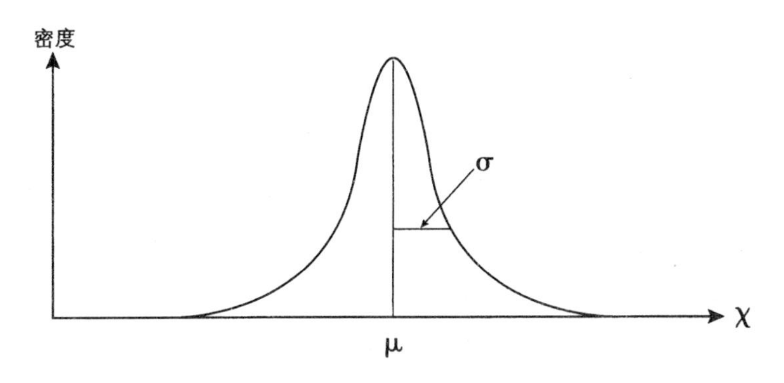

上面的分布图显示：在横坐标的任何值域范围内粒子出现的概率，都可以用曲线以下、值域范围内的部分的区域来表示。

薛定谔方程所揭示的量子论的第二个重要特性是叠加原理（superposition principle）。波总是可以相互叠加，因为各种参数的正弦曲线和余弦曲线都是可以互相叠加的。这就是傅立叶分析原理（principle of Fourier analysis），由伟大的法国数学家傅立叶（Joseph B.J.Fourier，1768—1830）发现，发表在 1822 年《热的解析理论》

(*Théorie analytique de la chaleur*)一书中。正如书名所显示的，傅立叶将这一理论用在热传播上。他证明了许多数学函数都可视为许多正弦波函数和余弦波函数叠加之和。

在量子力学中，因为薛定谔方程的解是一组波，所以这些波的和也是方程的解（薛定谔方程的解相加之和也是方程的解，这是由线性方程的性质决定的）。这一点表示，一个粒子（比如电子）可以显示出一种由其他各种状态叠加而成的状态，因为该粒子在薛定谔方程的解是正弦波，而几个此类正弦波之和也是方程的解。

波的叠加解释了干涉现象。在杨氏双缝干涉实验中，波是互相干涉的，也就是说，屏幕上的亮条纹即是通过双缝的波相叠加从而加强的区域，而暗条纹则是波在叠加后相互削弱（导致光线变暗甚至消失）的区域。

叠加性是量子力学最重要的原理之一。当一个粒子自己跟自己发生叠加的时候，量子力学便露出了它诡异的面孔。在杨氏双缝干涉实验中，若将入射光线减弱到每次只发出一个光子，我们仍然会在屏幕上得到干涉条纹（干涉条纹必定由许多光子组成的，不可能是一个光子，即便每次抵达屏幕的光子只有一个）。对这种现象的解释是：单个的光子不会选择穿过这条缝，又穿过那条缝，它会同时穿过两条缝，就是说既穿过这条缝又穿过那条缝。一个粒子由于同时穿过了两条缝，于是它跟自个儿发生了干涉，就像两列波相叠加一样。

当一个量子系统中包含两个或两个以上的粒子时，叠加原理便引发了“量子纠缠”。这种情况下，跟自己发生干涉的不是一个粒子，而是一个系统：一个跟自己发生“纠缠”的系统。令人惊奇的是，薛定谔自己已经认识到，假如几个粒子或者光子是在某个物理过程中共同产生的，那么它们之间就会发生纠缠；不仅如此，薛定谔还在自己的母语德语以及英语中创造了“纠缠”这一术语。薛定谔是在1926年的新量子力学的开拓性研究中发现的纠缠现象，而他第一次使用“纠缠”这一术语则是在1935年讨论EPR论文（爱因斯坦、波多斯基、罗森三人联合发表的著名论文）的时候。

霍恩（M.Horne）、西摩尼（A.Shimony）、塞林格（A.Zeilinger）三人曾在文章中提到[7]，薛定谔在1926年发表的一系列论文中发现由n个粒子组成的系统的量子态是可能发生纠缠的。薛定谔在论文里写道：

> 我们一再地提醒大家注意，函数Ψ是不能够也不应该直接以三维空间里的术语来解释的——尽管单电子问题（one-electron problem）在这里似乎很容易迷惑我们——因为总体来讲Ψ是一个存在于位形空间（configuration space）的函数，而不是一个真实空间里的函数。[8]

因此，霍恩、西摩尼、塞林格这三位作者认为，薛定谔知道波函数在位形空间里是不可分解的，这恰恰是纠缠态的特征之一。9年后，也就是1935年，薛定谔将这种现象称作“纠缠”。他给“纠缠”所下的定义是：

> 若有两个已知系统（它们的状态可以由各自的表达式得出），在某种已知外力的作用下发生相互作用，经过一段时间的相互作用以后两个系统又被分离开来，这时它们便无法再像先前那样各自用一个表达式来描述。我认为这不仅仅是量子力

学的一个典型特征，而应该说是量子力学的全部特征之所在。[9]

1927 年，薛定谔继马克斯·普朗克之后被柏林大学聘为教授，1929 年又入选为普鲁士科学院院士。1933 年 5 月，在希特勒当选为德国元首之后，薛定谔愤然辞职，辗转来到牛津。1933 年薛定谔以其物理学方面的伟大成就而获得诺贝尔奖，英国物理学家保罗·狄拉克（Paul Dirac）与他分享了这一奖项。狄拉克在量子理论方面也有重要的贡献，他还用纯理论的方法预言了反物质（antimatter）的存在。

薛定谔回到奥地利以后，在格拉茨大学担任教授。1938 年，纳粹占领了奥地利，薛定谔再度流亡到牛津。此后，薛定谔也曾经回到欧洲大陆，在根特大学（Ghent）任教一年，后因战事升级，又转入都柏林大学，担任理论物理学教授，直到 1956 年。1944 年春，薛定谔在爱尔兰流亡期间又卷入了一场婚外情。当时他 57 岁，跟一位叫谢拉·梅·格林纳（Sheila May Greene）的少妇纠缠到一起。他给她写情诗，看她表演戏剧，甚至跟她生了一个女儿。安妮曾经主动提出离婚，让薛定谔跟谢拉结合，但薛定谔没有同意。这段恋情终告结束，谢拉的丈夫戴维将薛定谔跟谢拉所生的小女儿抚养成人，虽然后来他还是和谢拉分手了。1956 年，薛定谔终于回到了维也纳。他于 1961 年去世，临终时，守在他的身边的还是妻子安妮。

第八章

海森堡的显微镜

"我认为，在那个时代，唯有在哥本哈根才能找到量子论的精神。"

——沃纳·海森堡

沃纳·卡尔·海森堡（Werner Carl Heisenberg，1901—1976）出生在德国南部的慕尼黑城外，他很小的时候就随家人搬到城里居住。海森堡一生始终深深地眷恋着慕尼黑，无论日后迁移到哪里，他总要一次次地回到慕尼黑来。在慕尼黑市为他举办的六十岁生日庆典上，海森堡说："没有在二十年代的慕尼黑生活过的人，一定不会知道生活可以是那样美好。"他的父亲，奥古斯特·海森堡（August Heisenberg），是慕尼黑大学的希腊哲学教授，而且是当时德国在希腊中世纪及现代哲学领域的唯一的正教授。父亲将对希腊思想的热爱传给了维尔纳，海森堡始终热爱柏拉图（颇具讽刺意味的是，古希腊的时空观及因果概念和海森堡及其科学同道所创建的量子论中的新观念竟是格格不入的）。海森堡在上中学的时候就对物理学产生了兴趣，还决心成为科学家。他进了慕尼黑大学，本科毕业之后继续攻读物理学博士学位。

1922 年，海森堡在读研究生，他参加了尼尔斯·玻尔在慕尼黑大学举办的一场讲座，举手问了一个很难的问题。讲座结束后，玻尔走到他跟前，邀他一起去散步。他们两人一走就是三个小时，一路讨论着物理学问题。他们之间持续一生的友谊就从这里开始了。

完成学业以后，海森堡前往哥本哈根，在玻尔的研究所里继续研究，从 1924 年一直待到 1927 年。此间他除了研究物理学之外，同时还学习了丹麦语和英语。到 1924 年，也就是他 23 岁那一年，他已经撰写了量子力学研究论文 12 篇，其中有好几篇是跟大物理学家马克斯・波恩（Max Born）和阿诺德・索末菲（Arnold Sommerfeld）合写的。海森堡成了玻尔的得意门生，经常到玻尔家中看望老师和师母玛格丽特。爱因斯坦和玻尔之间的大论战爆发后，海森堡坚决支持玻尔的观点，而薛定谔则站在爱因斯坦那一边。玻尔和海森堡在整整一生中始终保持着这种“纠缠态”。

海森堡建立了一套跟薛定谔的量子力学对等的量子理论。海森堡理论的形成略早于比他年长的薛定谔。薛定谔利用波动方程来描写量子行为，而海森堡则是借助矩阵，从理论上说更为复杂。矩阵力学是用纵横数列构成的表格来预言受激发而改变能级的原子所释放出的光波的强度，以及其他的量子现象。

后来人们发现这两种方法其实是对等的。在海森堡那个较为抽象的版本中，无数的矩阵代表了可观察的实体的种种性质，所用的数学方法是矩阵乘法。矩阵乘法是不遵守乘法交换律的，也就是说，我们将 A 和 B 两个矩阵以 AB 的顺序相乘，所得到的结果一般情况下跟这两个矩阵交换顺序相乘 BA 的积是不同的。而数字相乘则是遵守交换律的（比如，$5 \times 7 = 35 = 7 \times 5$，乘法运算的顺序并不影响结果，两种顺序相乘的积都是一样）。矩阵相乘的不可交换性对量子力学的意义非常重大，甚至超过了海森堡的研究本身。

可观察的量（observable）在现代量子力学中表示为一个算子对量子系统中的波函数的运算。有些算子是遵守交换律的，也就是说先用算子 A 再用算子 B 对量子系统进行运算，其结果跟先用算子 B 后用算子 A 来运算是一样的。还有一些算子是不符合交换律的，也就是说运用算子的先后顺序（从而观测的先后顺序）的变换会产生不同的运算结果。比如，在量子力学中，测量一个粒子的位置需要用位置算子对波函数进行运算，而测定一个粒子的动量则需要用关于位置的偏微分算子（the partial-derivative-with-respect-to-position operator）对波函数进行运算（在经典物理学中动量 p 是粒子质量与速度的乘积，而速度则定义为位置对时间的导数 the derivative of position with respect to time）。位置和动量这两个算子，是不可互换的。这意味着我们不可能同时对二者进行观测，因为假如我们测量了其中一个量然后又测量另外一个，所得到的结果将和我们用相反的顺序测量这两个量不同。在这个例子中，为什么位置和动量这两个算子不遵守交换律呢？只要学过一点微积分就不难发现：Derivative（X（ψ））= ψ + X（Derivative ψ），而不等于将两个算子顺序颠倒以后的 X（Derivative ψ）。以上第一个算式是由对乘积取导数的法则得出的。

上述两个算子——X（粒子的位置）和 Derivative（粒子的动量）——不能互换，这对量子力学来说意义非常重大，说明假如我们要对位置和动量都进行测量，那么要想二者都得到准确的结果是不可能的。如果我们准确地测出了其中一个量（就是先行测量的那个量），那么另一个量的精确度就会非常之低。出现这种情况正是因为与两种测量行为有关的算子不遵循交换律。同一粒子的位置和动量不可能都被精确地测定出来，这种定律就是所谓的“不确定性原理”（the uncertainty principle），它也是由沃纳·海森堡发现的。海森堡的不确定性原理是他继矩阵力学表达式之后对量子力学的又一大贡献。

海森堡的不确定性原理是量子力学的基本原理，这一发现使概率理论成为量子力学的基础。不确定性原理表明，在量子系统中不确定性是挥之不去的。它可以表示为以下算式：

$$\Delta p \Delta x \geqslant h$$

这里 Δp 表示动量的误差，也就是动量的不确定性。Δx 表示定位（location）的误差，也就是位置的不确定性。不确定性原理表明粒子位置的不确定性和动量的不确定性的乘积大于或等于普朗克常量。这个公式看似简单，意义却非同凡响。假如我们非常精确地知道粒子的位置，那么我们所能掌握的该粒子的动量的精确度是不可能超过公式所给定的范围的，哪怕我们测量时再仔细，测量工具再精密，也都无济于事。反过来，假如我们准确测量出粒子的动量，那么该粒子的位置就无法测定了。量子系统的不确定性永远不会消失，也不可能低于海森堡公式所给定的程度。

我们可以用海森堡的显微镜来演示粒子位置和动量的不确定性。1927 年 2 月，玻尔合家前往挪威滑雪，海森堡则独自留在哥本哈根工作。海森堡后来在回忆时说，独处的日子令他的思想得以自由驰骋，他甚至还决心让不确定性原理成为他对新兴量子理论的阐释核心。他记起很久以前在哥廷根跟同学进行的一次讨论，灵机一动，想到兴许可以借助伽马射线显微镜（a gamma-ray microscope）来测定粒子的位置。这个想法进一步验证了他早先推出的不确定性原理。海森堡很快给沃尔夫冈·泡利（Wolfgang Pauli，量子理论的另一位先驱）写了一封信，描述了用伽马射线显微镜来测定粒子位置的假想实验，收到泡利的回信后，他用信中的观点修改了正在撰写的论文。玻尔从挪威回来后，海森堡向他展示了研究成果，但玻尔并不满意。玻尔希望海森堡能从波粒二象性出发推出一些结果。跟玻尔争论了几个星期后，海森堡终于同意不确定性原理和量子力学中的其他概念是一致的，他的论文也最终定稿。海森堡的显微镜是怎么回事呢？请看下图。一道光照射在粒子上，反射到镜片。光被粒子反射到显微镜中时，对它所照射到的粒子产生了一定的压

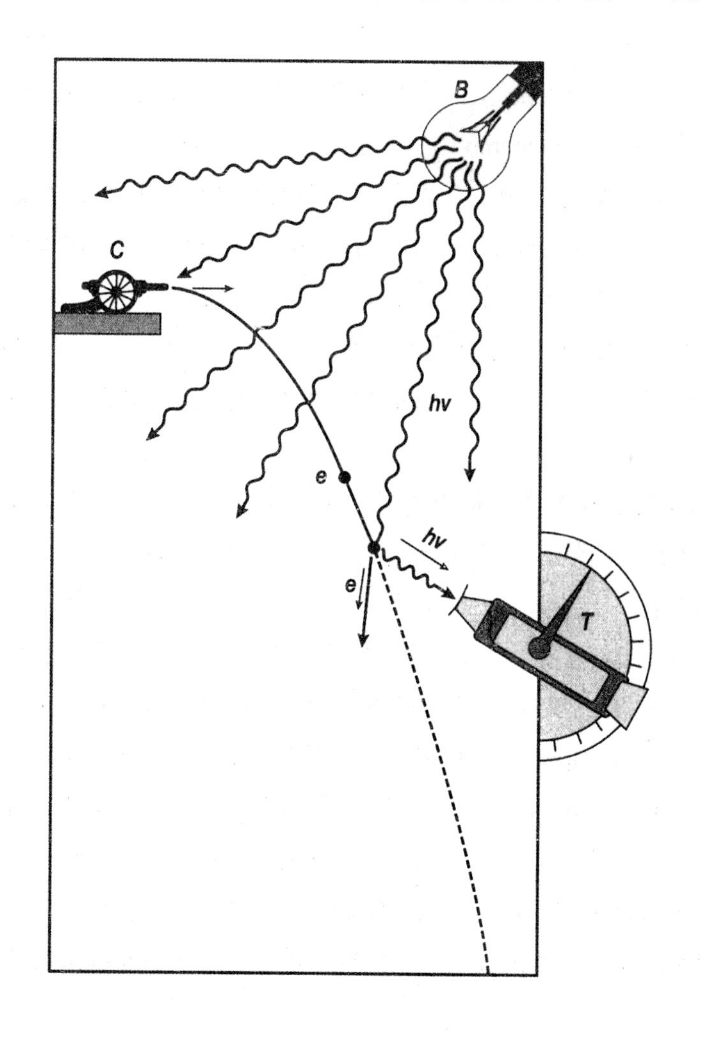

力，使粒子改变了原来的运动轨迹。如果我们要减少对粒子的影响，从而尽量不让测量手段改变粒子的动量，我们就必须增大光线的波长。而当波长增加到一定的程度时，进入显微镜的光就无法确定粒子的位置。所以，无论怎样测量，我们都只能得到位置和动量的乘积的最小精确值。

海森堡对量子力学的另一大贡献，便是他提出的量子系统内的潜能（potentiality）的概念。量子力学和传统力学之间的分野就在于，量子世界中除了实际发生的各种现象以外，总是存在着一种潜在的可能性（potential）。这一点对于理解“纠缠态”是非常重要的。纠缠现象是一种量子现象，在经典物理学中并没有类似的现象。正是由于潜能的存在，才导致了纠缠态的产生。具体来讲，在一个包含两个纠缠粒子的系统中，纠缠态会表现为 AB（粒子 1 处于状态 A，粒子 2 处于状态 B）和 CD（粒子 1 处于状态 C，粒子 2 处于状态 D）这两种状态的同时并存。我们后面还会深入探讨这个问题。

20 世纪 30 年代，海森堡的生活发生了重大变化，科学界也经历一场重大变革。1932 年海森堡获得了诺贝尔物理学奖。翌年，希特勒上台，随着大批犹太裔科学家被纳粹解聘，德国科学开始衰退。海森堡留在德国，看着身边的朋友和同事纷纷离去，前往美国和其他国家。有一份很出名的纳粹党卫军报纸斥责海森堡是“白种的犹太人”，“精神、主张和性情上的犹太人”，可能是因为海森堡对犹太裔同事表示过明显的同情。但尽管许多科学同道邀海森堡一起离开，他始终留在纳粹德国。没有人知道他究竟站在哪一边。有人指出海森堡家族跟希姆莱（Himmler）家族颇有些渊源[10]，海森堡曾利用这种家族的关系要求纳粹党卫军领导人制止报纸对他的谩骂。1937年，海森堡35岁，身患抑郁症，他在莱比锡的一家书店邂逅一位22岁的年轻女子。两人对音乐有着共同的爱好，他唱歌，她用钢琴为他伴奏。相识不到3个月，他们就订了婚，不久便结为伉俪。

1939年，海森堡应征入伍。他在入伍前就是德国唯一前沿的物理学家，所以很自然，在他服役期间，纳粹希望他来协助制造核弹。1941年，海森堡和同事建造了一个核反应堆，藏在一个山村教堂地下的洞穴里。值得全人类庆幸的是，希特勒当时的主要任务是“佩内明德计划”（Peenemunde），纳粹的导弹工程，目标是英国，而原子弹工程还排在日程表的后面。结果，海森堡不知道怎样制造原子弹，美国的“曼哈顿计划”便远远地走在了纳粹的前面。战后，海森堡依旧是德国最前沿的科学家。人们很想知道他在纳粹的原子弹计划中究竟扮演了什么角色，而这些问题的答案也许已伴随海森堡长眠于地下了。

第九章

惠勒的猫

“当我们发觉宇宙是多么奇怪的时候，才会明白宇宙原来是如此简单。”

——约翰·阿奇博尔德·惠勒

许多关于量子力学的书都会提到薛定谔用来说明叠加态悖论的那个故事，也就是著名的“薛定谔的猫”。薛定谔想象有一只猫被关在密封的箱子里，箱子内还有一个装有微量放射性材料的设备。设备的一部分是个探测器，可以启动一个机械装置打破装有氰化物的小瓶子。当探测器侦测到放射性元素的一个原子发生衰变时，小瓶子便会被打破，猫便会被毒死。由于放射性衰变是“量子事件”，因而这两种状态——猫活着和猫死了——是可能叠加的。由此可知，在我们打开箱子进行测量之前——也就是说在我们真正知道猫是死是活之前——猫是又死又活的。这种推论令人难以接受，况且这个例子也不是很能说明问题。默里·盖尔曼（Murray Gell-Mann）在他的《夸克与美洲豹》（*The Quark and the Jaguar*）一书中说，薛定谔的猫并不是一个很恰当的例子，其实就跟把一只猫装进箱子放在飞机行李舱里、让它经历长时间飞行差不多。猫的主人来提取行李时，接过装猫的箱子，一定会问一个可怕的问题：我的猫现在是死是活？盖尔曼在书中认为，薛定谔猫的症结在于其去相干性（decoherence）。猫是一个大的、宏观的系统，不属于微观量子世界。所以，猫同它周围的环境之间会产生各种各样的相互作用：它会呼吸空气，会吸收和释放热辐射，会吃会喝。因此，猫的行为不可能是纯粹的量子行为，它不会像一个电子那样同时处于两种以上的状态中，“又是死的，又是活的”。

我还是想用猫作例子来说明这个问题，不过我们不必把它弄死，所以这例子不至于那么恐怖。我们可以想象猫同时待在两个地方，就像电子那样。把电子想象成一只猫，惠勒的猫。

约翰·阿奇博尔德·惠勒（John Archibald Wheeler）有一只猫，跟惠勒一家人一起在普林斯顿生活。爱因斯坦就住在相隔不远的地方，惠勒家的猫似乎很喜欢爱因斯坦的家。惠勒常常看见爱因斯坦步行回家，两名助手伴其左右；过不了几分钟，电话便会响起，十有八九是爱因斯坦打来的，问他要不要把猫给他送回来。想象一下，有这样一只猫，它可不像薛定谔的猫那样又死又活，而是同时既在爱因斯坦家又在惠勒家。我们进行观测的时候——也就是爱因斯坦或者惠勒寻找这只猫的时候——猫就被迫呈现出其中一种状态，就像一个粒子或者光子一样。

不同状态的叠加，在量子力学中是一个非常重要的概念。一个粒子可以同时处于两种状态。我们假设惠勒的猫可以处于由两种状态构成的叠加态：既在惠勒家，又在爱因斯坦家。迈克尔·霍恩（Michael Horne）常说，在量子力学里我们要抛开习以为常的“或”的逻辑，转而采纳全新的“与”的逻辑。的确，这种新的逻辑形式非常陌生，因为我们在日常生活当中从未遇到过这样的情形。我们或许还可以举出别的例子。比如说，我来到银行，服务窗口前面有两队顾客在等候。两条队一样长，我的身后没有人。我想排在办得较快的队上，但我不知道哪一条队办得快。于是我站在两队之间，或者在两条队上跳来跳去，哪条队排得短就排哪条后头。我“同时排在两条队里”，我处于两种状态构成的叠加态：（我排在 1 队）与（我排在 2 队）。回到惠勒的猫，这只猫处于由以下两种状态构成的叠加态中：

（猫在惠勒家）与（猫在爱因斯坦家）。当然了，在原来的“薛定谔之猫”的例子当中，猫则是处于一种比较悲惨的叠加态：（猫死了）与（猫活着）。

惠勒 1911 年出生于佛罗里达州的杰克逊维尔（Jacksonville）。他 1933 年获得约翰斯·霍普金斯大学（Johns Hopkins University）的物理学博士学位，还曾经在哥本哈根随尼尔斯·玻尔研究物理学。他在普林斯顿大学任教授之职，手下最出色的学生是理查德·费曼（Richard Feynman，1918—1988）。费曼在惠勒的指导下完成了优秀的博士论文，于 1942 年取得普林斯顿大学的博士学位；后来他获得了诺贝尔物理学奖，成为美国最著名的物理学家之一。这篇论文在狄拉克（Paul A. M. Dirac）早先的一项研究的基础上，把一个重要概念引入了量子力学领域。费曼在论文中将经典物理学中的最小作用量原理（principle of least action）用在量子世界里。费曼的贡献是他在量子力学领域开创了历史总和法（sum-over-histories approach）。这种方法要考察一个粒子（或者系统）从一点运动到另一点可能经过的所有路径，每一条路径都有自己的概率，因此我们可以从中找到该粒子最有可能采用的路径。在费曼的公式里，各种可能路径上的波的振幅可以用来推出一个总的振幅，从而得到该粒子由各种可能路径到达共同的终点时振幅的概率分布。

惠勒为费曼的研究感到非常兴奋，他将费曼的论文稿送到爱因斯坦那里。他问爱因斯坦说：“这论文太精彩了，是不是？你现在该相信量子论了吧?”爱因斯坦看了论文，沉思了一会儿，说：“我还是不相信上帝会掷骰子……可也许我现在终于可以说是我错了。”[11]

狄拉克（Paul A. M. Dirac，1902—1984）是英国物理学家，他起初是个电工。由于干他那一行工作很难找，他就申请了剑桥大学的一个研究职位，后来竟成为20世纪物理学的关键人物，还获得了诺贝尔奖。狄拉克将量子力学同狭义相对论相结合，建立了一个新理论，从而修正了量子力学的一系列方程式，使之能够描述运动速度接近光速的粒子的相对论效应。狄拉克在研究中还发现了反粒子。1930年狄拉克发表了一篇论文，从理论上证明了反粒子存在的可能性；一年后，美国物理学家卡尔·安德森（Carl Anderson）在分析宇宙射线的时候发现了正电子——带正电的反电子。电子和正电子相遇时会互相湮灭，产生两个光子。

1946年，惠勒提出，由互相湮灭的正电子和电子生成的成对光子可以用于验证量子电动力学理论。量子电动力学理论认为，这样生成的一对光子的偏振方向应当是相反的：若其中一个光子的偏振方向是垂直的，那么另一个光子的偏振方向必定是水平的。“偏振”（一译“极化”，polarization）指的是光的电场或磁场在空间里的方向。

1949年，剑桥大学的吴健雄（人称“吴夫人”，仿照物理学家们对“居里夫人”的称谓）和欧文·萨克诺夫（Irving Shaknov），进行了惠勒提出的实验。吴健雄和萨克诺夫成功地生成了电子偶素（positronium），即由互相绕转的一个电子和一个正电子构成的人造元素。这种元素存在的时间极短（远小于一秒钟），随后其中的电子和正电子就会螺旋地飞向对方，互相湮灭，释放出两个光子。吴健雄和萨克诺夫用蒽晶体来分析所生成的两个光子的偏振方向，得到的结果肯定了惠勒的预言：两个光子的偏振方向是相反的。吴健雄和萨克诺夫 1949 年的实验生成了历史上第一对互相纠缠的光子，然而这个重大的突破要等到 8 年以后（即 1957 年）才被波姆和阿哈朗诺夫首先注意到，才得到认可。

除了量子力学外，惠勒在万有引力、相对论、宇宙论等物理学领域也有重要贡献。他发明了“黑洞”（black hole）这个术语，用于描述巨型星体消亡时产生的时空奇点。惠勒还跟尼尔斯·玻尔共同发现了核裂变（fission）。2001 年 1 月，90 高龄的惠勒心脏病发作。这场病改变了他的人生观，他决心要将自己一生剩余的时日用于研究最重要的物理学问题：量子的问题。

惠勒认为，量子问题即为“存在”的问题。他清清楚楚地记得玻尔的同学卡西米尔（H. Casimir）讲述的玻尔和海森堡之间关于量子的一场争论。当时玻尔和海森堡被哲学家霍夫丁（Hϕffding）请到家中讨论杨氏双缝干涉实验及其对量子的启示。粒子去了哪里？它是穿过了这条缝还是那条缝？在讨论的过程中，玻尔陷入了沉思，喃喃自语道：“存在……存在……什么才是存在呀？（To be ... to be ... what does it mean to be？）”

后来约翰·惠勒自己将杨氏双缝干涉实验带上了一个新的层次。他用杨氏双缝实验的一种变化形式，从容简洁地证明了实验员的测量行为是可以改变“历史”的。实验员——一个凡人——自己选择的测量方法，可以决定“过去应当发生什么事”。下文描述的惠勒的实验设置，是出自他的论文《无定律的定律》（*Law without Law*）[12]。

惠勒在该文中描述了一个现代版的杨氏双缝干涉实验。下图显示的是经典双缝实验的一般设置：

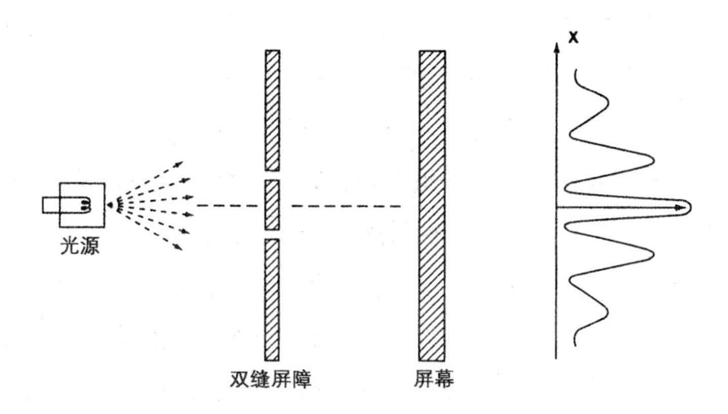

光线照射在带有两条狭缝的挡板上，产生两组波，就像穿过狭缝的水波一样。两组波相遇时发生干涉，若互相加强则产生振幅更大的波，若互相削弱则产生振幅更小的波。在这个实验的现代版设置中，我们用镜面来代替原来的狭缝，用更易于精确控制的激光来代替普通的光。更先进一些的实验设计则会采用光纤（fiber optics）来作为光的传播媒介。

现代版双缝干涉实验的最简单的设置如下图所示。这个实验的图样呈菱形，光源向一个半镀银的镜片发出光线，光有一半会穿过镜片，另一半会被反射。这样的镜片叫做光束分裂器（beam splitter），它能够将入射光线分成两部分：一部分光线被反射，另一部分光线则穿过镜片。两部分的光各自被一面反射镜反射后相交，最后到达探测器。探测器接收到光子时会发出声音，这样，实验员只要观察哪一个探测器收到了光子，就可以判断入射光子是沿哪一条路径运动的：是穿过了光束分裂器，还是被光束分裂器反射了？另外，实验员还可以在两条路径的交汇处再放置一台光束分裂器（半镀银的镜子）。这台分裂器可以使从两条路径射入的光线发生干涉，就像双缝干涉实验那样。这时候，只有一个探测器会响（发生干涉的波互相叠加而增强），而另一个则不会（因为发生干涉的波互相抵消了）。若实验中的光源发出的光非常微弱，弱到一次只发出一个光子，我们会发现每一个光子都是同时走两条路径的——它遇到第一个光束分裂器时既被反射，同时又穿过了分裂器（否则光子就不可能发生干涉：两个探测器都会响，而这并未发生）。

惠勒说，爱因斯坦也做过一个类似的假想实验（thought experiment），爱因斯坦认为“单单一个光子同时走两条路径是不合常理的。如果我们把交汇处的半透镜拿走，就会观察到两个计数器要么这个响，要么那个响，因此每个光子只走了一条路径。它只走一条路径，但它又是两条路径都走了；它两条路径都走了，但又只走了一条路径。这是什么话！量子力学显然是自相矛盾的！”玻尔则强调这里面并没有矛盾，因为我们做的是两个不同的实验。交汇处没有半透镜的实验告诉我们光子选择了哪一条路径，交汇处有半透镜的实验则证明了光子同时经过了两条路径。而这两个实验是不可能同时进行的。[13]

惠勒提出一个问题：实验员能不能决定光子选择哪一种传播路径呢？如果实验员把第二个光束分裂器去掉，那么探测器就可以显示光子走的是哪一条路径。如果把第二个光束分裂器放在交汇处，那么两个探测器就只有一个会响，即说明光子是同时走了两条路径。在我们尚未决定要不要放置第二个光束分裂器的时候，我们只能用干涉仪来说明光子是处于包含若干种潜在可能性的状态下（因为潜在的可能性是可以并存的）。而是否放置第二个光束分裂器则决定了哪一种可能性会成为事实。这两种实验设置如下图所示：

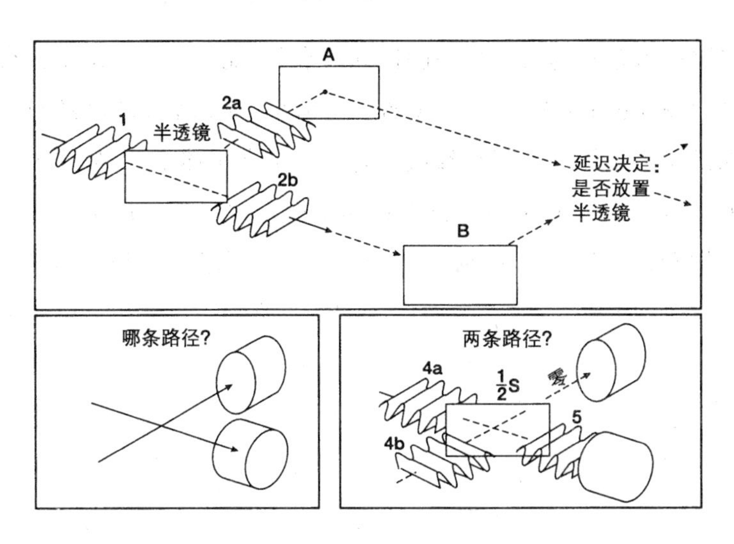

惠勒认为，最奇妙的事情是实验员的“延迟的决定”可以改变历史。实验员可以在光子跑完了大半路程、就要抵达终点的时候，才决定要不要放置第二个光束分裂器。现代科学使我们可以抢在光子跑完全程之前的极短的一瞬间——远小于一秒钟内——任意决定采取什么行动（是否放置第二个光束分裂器）。我们的瞬间行动会在“事情发生以后”决定光子起先应当走哪一种路径。它起先应该是走其中一条路径呢，还是应该两条路径都走？

接下来，惠勒将他的奇思怪想扩大到宇宙范围内。[14] 他追问：“宇宙是怎样形成的呢？宇宙形成的过程是不是不可思议、不可企及、不可分析的呢？抑或其中那个起作用的机制始终就摆在我们眼前？”惠勒于是将宇宙创世大爆炸跟量子活动联系在一起；许多年后，到了20世纪八九十年代，宇宙学家们才提出，星系的形成可能是源于大爆炸形成的原始混沌中的量子波动。惠勒认为，要解释万物、历史、宇宙的形成，我们应当在“延迟决定实验”（delayed-choice experiment）中寻找启示，因为这个实验“显然能够逆着正常的时间顺序触摸到过去”。他举了一个例子：有一个类星体（quasar），代号为 0957 + 561A，B（因为科学家们原以为那是两个天体，但现在都认为它是一个类星体了）。从这个类星体发出的光，分散在一个介于它和我们之间的星系周围。这个将类星体和地球隔开的星系就像一个“引力透镜”，由类星体发出的光分散在它周围。这个星系能够使两条相距五万光年、向地球方向传播的离散的光线重新会聚到一起，同时抵达地球。现在我们来做一个延迟决定光束分裂实验，其中类星体相当于半透镜，类星体和地球之间的星系则相当于实验室设置中的两个反射镜。这样，我们的量子实验就具有宇宙规模了。在这个实验里，我们面对的是数十亿光年的距离，而不是实验室里区区几米的距离。不过原理都是一样。

惠勒说：“我们一早起床，就开始冥思苦想：到底是要观察光线走了‘哪一条路径’呢，还是观察‘两条路径都走’的情况下产生的干涉现象？整整想上一天。等到夜幕降临，望远镜也准备就绪了的时候，半透镜是去是留完全由我们决定。放置在望远镜上方的单色滤光片（monochromatizing filter）可以使探测器记数的频度变慢。我们也许得等上一个小时才能接收到第一个光子。等这个光子触动了一个计数器的时候，我们再决定是用一种实验设置来观测它走的是‘哪一条路径’；或者用另一种实验设置来观测它‘两条路径都走’时的两列波的相对相位（relative phase）——也许这两列波经过‘透镜星系’G-1 的时候相距 50 000 光年。而这个光子早在数十亿年前就已经经过‘透镜星系’了，我们的决定延迟了几十亿年。所以大致可以说，我们是在事情发生以后才决定光子起初应当怎样做，当然这种说法很不准确。甚至，光子‘路径’的提法根本就是错的。我们要记住，如果一个现象尚未被不可逆地放大到一种稳定状态，谈论这种现象就是毫无意义的：‘任何基本现象在被观测之前都不能说是一种现象。’”

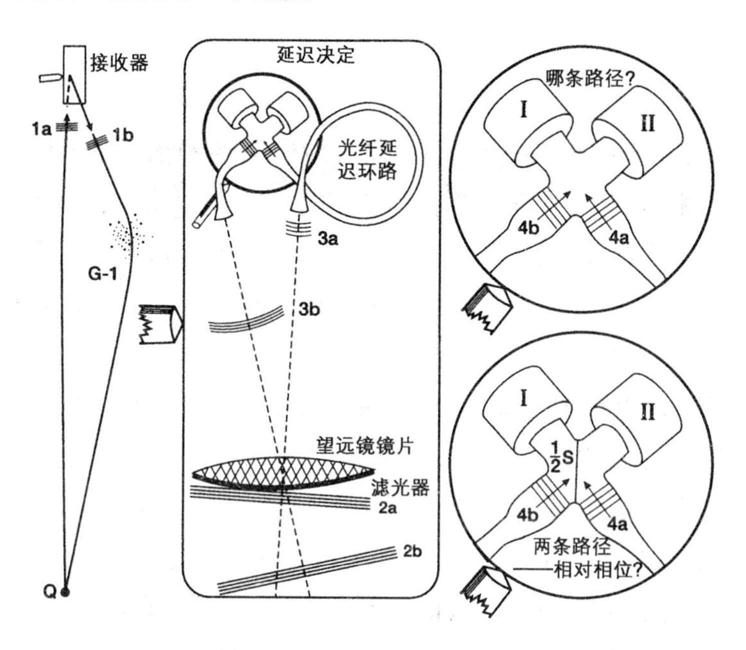

第十章

匈牙利数学家

"虽然我知道玻尔在普林斯顿经常跟约翰·冯·诺依曼（测量理论的先驱）探讨测量理论，但是在我看来，测量问题的研究在数学方面带来的重要贡献，远大于物理学方面。"

——亚伯拉罕·派斯（Abraham Pais）

约翰·诺依曼（Jancsi Neumann）1903年12月28日出生于布达佩斯一个富裕的银行家家庭。1870年至1910年间，布达佩斯经历了一场不期而至的经济繁荣，来自匈牙利乡村和其他国家的大批有才干的人纷纷涌入这座蓬勃发展的首都，寻觅发达的机会。到1900年，布达佩斯已拥有600家咖啡馆，数不清的戏院，一个声名远播的交响乐及歌剧团，还有欧洲第一流的教育系统。勤劳的有志之士蜂拥而至，投身于布达佩斯迅猛高涨的经济浪涛之中。这里宗教信仰自由，文化开明进步，许多犹太人也从欧洲其他各国慕名而来，融入这股经济热潮之中。[15]

约翰·诺依曼的父母，马克斯·诺依曼和玛格丽特·诺依曼，从位于南斯拉夫边境的佩奇市（Pecs）来到布达佩斯——19世纪末有很多犹太人都去了布达佩斯。马克斯工作非常勤奋，得到的回报也很丰厚，没过几年就当上了银行主管。他所在的银行是通过向小企业家以及农业机构提供贷款发家的，经营十分成功。马克斯干得很出色，短短几年之内就为家人买下了一套拥有18个房间的寓所，跟他家住同一座大楼的还有几户有钱的犹太家庭，其中包括他妹夫一家。他们两家的孩子一起玩耍，在两家的富丽堂皇的公寓里跑进跑出。

马克斯·诺依曼不但财政上收入颇丰，而且在匈牙利政界也有一定的影响力。他在匈牙利社会上是个相当有分量的人物，又是匈牙利政府十分得力的财政顾问，1913 年被授予世袭的贵族头衔，这在匈牙利就跟英国女王授予爵位一样，非常尊贵，犹太人受此殊荣者极少。此外，马克斯可以在自己的姓氏前面加上尊称“von”，他的名字变成了马克斯·冯·诺依曼，跻身匈牙利贵族行列。他的三个儿子——长子约翰，两个幼子麦克尔和道格拉斯——也享有这种特权。因此，约翰·诺依曼 10 岁时就成为约翰·冯·诺依曼，他一生都珍爱着自己的欧洲贵族身份。他们家甚至自行设计了盾形纹章，上面绘有一只兔子，一只猫，还有一只公鸡。马克斯觉得约翰就像公鸡，因为他咯咯欢叫起来就像公鸡打鸣；麦克尔长得像猫；小儿子尼古拉斯就是小兔子。他们把自家的盾形纹章挂在城里的豪宅外面，后来买下了消夏的乡间府邸，在大门上也挂了一个。1919 年贝拉·昆（Bela Kun）建立共产主义统治后，马克斯·冯·诺依曼从维也纳召海军上将霍尔蒂（Admiral Horthy）前来攻打昆的部队，第一次从共产主义手中夺回匈牙利政权（第二次是发生在前苏联解体后）。

1913 年是非常重要的一年。这一年，诺依曼家得到了贵族封号，第一次世界大战的战火燃遍了欧洲；也就在这一年，小约翰开始显露出惊人的智力，这种才能日渐发展，使他在家族中出类拔萃，周遭也无人能望其项背。小约翰的天才是无意中被发现的。有一次，父亲让年仅 10 岁的小约翰把两个数相乘，小约翰一下子就给出了结果。于是马克斯又给了小约翰两个很大的数字让他计算乘积，小约翰只用了几秒钟就算好了。父亲非常震惊，意识到这不是一个普通的孩子。小约翰有着常人无法想象的天才。

此后不久，他们又发现小约翰对学校里教的那些东西懂得比老师还多。在家里的餐桌讨论中，小约翰对各种话题以及观点的理解比其他家庭成员更加准确透彻。

父母了解到长子有这么高的天分，便不失时机地培养他，使他日后能够大有作为。他们聘请了家庭教师，教他高等数学和科学。在餐桌上，父亲常常提出一些需要思考的话题，让每一位家庭成员都参与讨论，我们的小天才于是从中得到了更多的思维锻炼。

小约翰 11 岁就进了高级中学，在欧洲高级中学就相当于我们这里的高中，通常入读的学生要比小约翰年长好几岁。小约翰在高中学习数学、希腊文、拉丁文，还有别的一些科目。他门门功课都是优秀。学校里的数学教师拉斯罗・瑞兹（Laslo Ratz）很快就发现自己班上有一个天才，他找到马克斯・冯・诺依曼，建议给小约翰提供更多数学方面的训练。于是，瑞兹让小约翰每周减少三次常规的数学课，给他单独授课。但是不久瑞兹便发觉小约翰懂得比他多。瑞兹便把小约翰带到了布达佩斯大学，让他修读高等数学课程。小约翰成了布达佩斯大学有史以来年龄最小的学生。

小约翰在布达佩斯大学听课一年后，一个年长好几岁的学生问他是否听说过数论中的某个定理。小约翰知道那条定理——它尚未得到证明，许多数学家都尝试过，却没有结果。这位朋友（多年后获诺贝尔奖）问他能否把它证明出来。小约翰花了几个小时，证明了那条定理。不到一年，小约翰转到著名的苏黎世联邦工业大学（ETH），那是爱因斯坦的母校。此后不久，他又入读柏林大学。在这三所大学里，小约翰的表现都令大数学家们惊讶，其中包括戴维·希尔伯特（David Hilbert，1862—1943）。小约翰对数学的理解非常敏锐，计算能力超群出众，分析问题的速度无人能敌。

冯·诺依曼在解数学题的时候，总是对着墙壁，面无表情，嘴里轻声地自言自语上几分钟，完完全全地沉浸在题目里，什么也听不见，什么也看不见。接着，他脸上的表情突然恢复正常，转过身来，平静地说出答案。

小约翰·冯·诺依曼并非那些年在布达佩斯出现的唯一的卓越人才。从1875年到1905年间，有六位诺贝尔奖获得者降生在布达佩斯（其中五位是犹太人），另外还有四位现代科学以及数学领域的先驱也在这期间出生于布达佩斯。他们都上过匈牙利第一流的学校——高级中学——也都在家中得到过特别培养。半个世纪以后，有人问这十位天才人物之一、诺贝尔奖得主尤金·维格纳（Eugene Wigner）为什么布达佩斯会出现这种众星荟萃的奇观，维格纳回答说他没有听懂这个问题："匈牙利只出过一位天才，他的名字叫约翰·冯·诺依曼。"

大多数匈牙利天才都移民美国，在美国他们为现代科学的发展作出了难以估量的贡献。他们来到美国后，以惊人的天赋震惊了整个科学界，有些人甚至真的怀疑这批外国科学家根本不是匈牙利人，而是前来称霸美国科学界的外星来客。西奥多·冯·卡曼（Theodore von Karman）是十大天才中最先来到美国的，随后爱德华·泰勒（Edward Teller）等人也纷纷在30年代移居美国，其中包括约翰·冯·诺依曼。泰勒一到美国，就听说了天外来客的传闻，顿时神色忧虑，说："一定是冯·卡曼说话了。"

约翰·冯·诺依曼应该可以算是他们十位中最了不起的天才。

他移民美国之前，在科学和数学方面又接受了进一步的高级培训，从而成为同龄人中最伟大的数学家。这些培训是在苏黎世大学、哥廷根大学及柏林大学进行的。

1926年，冯·诺依曼来到哥廷根大学，听了沃尔纳·海森堡的一场讲座，主题是矩阵力学以及他的量子力学研究方法与薛定谔的方法之间的不同（与笔者46年后在伯克利大学听到的讲座大致相同）。听众当中还有当时最伟大的数学家戴维·希尔伯特。据诺曼·麦克雷（Norman Macrae）的《约翰·冯·诺依曼》(*John von Neumann*，AMS，1999）一书中记载，希尔伯特不理解海森堡所说的量子理论，要求助手给他解释一下。冯·诺依曼见状，决定用老数学家能够理解的数学语言来为他解释量子论，还借用了“希尔伯特空间”的概念，希尔伯特感到非常高兴。

直到今日，物理学家还在用希尔伯特空间来分析微粒世界的现象。希尔伯特空间是内含一个范数（norm，距离的计量方式）的完备的线性向量空间。

冯·诺依曼将他1926年为希尔伯特写的一篇论文扩展成书，题目叫《量子力学的数学基础》，1932年出版。冯·诺依曼证明了复平面上的向量几何与量子力学系统的各种状态有着相同的公式化特征。他还利用物质世界的一些假设推导出一个定理，证明能够减少量子系统的不确定性的“隐变量”是不存在的。虽然后人大都同意他的结论，约翰·贝尔却大胆地在60年代发表的几篇论文里成功地质疑了冯·诺依曼的假设。尽管如此，冯·诺依曼仍不失为量子理论的数学原理的奠基者之一，他建立了一套用于描述量子世界神秘莫测的物理现象的数学模型，意义非常重大。冯·诺依曼理论中的一个至关重要的概念就是希尔伯特空间。

希尔伯特空间（用字母 H 表示）是一个完备的线性向量空间，这里的“完备”指的是该空间元素的所有序列都可以收敛到该空间的元素上。在物理学上，希尔伯特空间是由复数构成的，这样才能构建出一个内涵足够丰富的模型，用于描述各种不同的物理状况。复数就是可能包含有虚数 i（即 -1 的平方根）的数。物理学家可以操控希尔伯特空间 H 中的向量（既有大小又有方向的数学实体）：在希尔伯特空间里表示为小箭头。这些小箭头可以相加相减，也可跟数字相乘；它们代表量子系统的各种状态，因而是量子力学的数学要素。

20 世纪 30 年代初，冯·诺依曼来到普林斯顿大学的高级研究所。他和爱因斯坦向来意见不合，他们的分歧主要是在政治问题上——冯·诺依曼觉得爱因斯坦太幼稚，他自己认为一切“左倾”的政府都是软弱无能的，一意支持保守的政策。他也参与了曼哈顿计划，但与其他参与制造原子弹的科学家不同的是，他似乎从来没有为之产生过道义上的矛盾和挣扎。

没有人怀疑冯·诺依曼为量子理论作出了重大贡献；他的量子力学著作成了量子研究者们不可或缺的工具，同时也是有关量子力学的数学原理的重要论述。

约翰·冯·诺依曼在普林斯顿大学任职以后，尤金·维格纳（后来的诺贝尔物理学奖得主）也来到了普林斯顿。有人说普林斯顿把维格纳从匈牙利请过来，为的是给冯·诺依曼找个会讲匈牙利语的同行做伴。冯·诺依曼的重要著作以英语面世后，维格纳对阿伯纳·西摩尼（Abner Shimony）说：“我从约翰那儿学到很多量子理论方面的东西，不过他书中第六章【测量问题】里的东西全是从我这里学去的。”冯·诺依曼在书中提出一个重要的观点：使量子力学解释趋于完备的所谓“隐变量理论”是不存在的，根本不存在能使每一个被观测的量都具有确定值的隐含变量。他对这个命题的论证在数学上完全正确，但是该命题的一个基本前提从物理学角度上看却是有问题的。几十年后，约翰·贝尔将会指出冯·诺依曼书中的这个漏洞。

第十一章

爱因斯坦登场

“在一套真正基于量子的放射性理论的建立过程中，一个个基本的发展环节似乎都告诉我们这种理论的出世是不可避免的。”

——阿尔伯特·爱因斯坦

阿尔伯特·爱因斯坦 1879 年出生在德国南部乌尔姆市（Ulm）的一个中产阶级犹太人家庭。他的父亲和叔叔经营一家电气化学企业，不断亏损，于是只得举家迁往慕尼黑，此后他们还到过意大利北部的几个地方，最后又回到德国。爱因斯坦是在瑞士上的学，他的第一份工作非常出名，是担任伯尔尼（Bern）瑞士专利局的技术员。1905 年，身为技术员的爱因斯坦发表了三篇论文，世界因此而改变了。这三篇论文是爱因斯坦独自一人在专利局工作时的研究成果，阐述了他当时建立的三个理论：（1）狭义相对论；（2）布朗运动理论及统计热动力学的一个新公式；（3）一种光电效应理论。

关于爱因斯坦的生平及其建立相对论的过程，现有文献中已经记述得十分详尽。[16] 但除此以外，爱因斯坦在量子理论建立过程中产生的影响也是不可忽视的。1900 年，爱因斯坦看到普朗克有关量子的论文，此后不久，他便开始用这种新的理论来思考光的本质。他提出一个假设：光是粒子流，构成光的粒子即为量子（quantum）。

爱因斯坦研究了光与物质发生相互作用所产生的效应。光线照在金属表面时，会释放出电子。释放出来的电子是可以侦测到的，其能量也可以测定。这一点已经由美国物理学家罗伯特·密立根（Robert Millikan，1868—1953）用大量实验证明过了。分析不同的金属与不同频率的光所发生的光电效应，我们会发现：低频率的光（频率小于或等于阈值 v_0）照射在金属表面时不会释放出电子。只有当光的频率大于阈值时，才会产生光电子；当光的频率不变时，光电子的数量会随着光的强度的变化而变化，而光电子的能量不会改变。只有当光的频率增大时，光电子的能量才会增大。入射光频率的阈值 v_0 是由金属的性质决定的。

经典的光学理论无法解释上述现象。为什么使光电子能量增大的不是光的强度？为什么光的频率会影响这些电子的能量？为什么当光的频率低于一个特定值的时候就不会产生光电子？爱因斯坦经过研究，认为光是由粒子组成的——后来称为“光子”，并将普朗克的量子概念用在这些光子上，1905 年的论文就是该阶段研究的结晶。

爱因斯坦将光子看作在空间飞行的一份份各自独立的能量。它们的能量值可以用爱因斯坦的公式 $E = hv$ 来测定（其中 h 是普朗克常量，v 表示光的频率）。

爱因斯坦的公式跟早先普朗克的方程之间的关系非常简单。不妨回顾一下，普朗克说过一个发光系统（即振荡电荷）可能具备的能量级为：

$$E = 0,\ hv,\ 2hv,\ 3hv,\ 4hv...,\ nhv，其中 n 为非负整数。$$

显然，该系统所能释放出的最小的能量即为两个相邻的普朗克

值之差 $h\nu$，由此便可得到爱因斯坦的光量子能量公式。

从爱因斯坦的公式，我们可以看到每个光子的能量是由光的频率决定的（乘以普朗克常量），增大光的强度不会增大其中的光子的能量，而只会增加所发出的光子的数量。要使电子脱离金属原子点阵，需要一定的能量，这个能量阈值用 W（代表 work——释放一个电子所需的“功”）来表示。因此，当频率达到某个特定水平的时候，传递给电子的能量便超过了阈值 W，电子于是被释放出来。爱因斯坦用以下公式来表示光电效应的定律：

$$K = h\nu - \mathrm{W}$$

其中 K 表示被释放的电子的动能，它等于爱因斯坦能量（$E = h\nu$）减去释放该电子所需的能量最小值 W。这个公式从量子论的角度完美地解释了久为人知、却一度费解的光电效应，简明地展现了光与物质之间的相互作用。爱因斯坦因此而获得了 1921 年诺贝尔物理学奖。得知获奖的喜讯时，他正在访问日本的旅途中。奇怪的是，爱因斯坦没有因为发现了狭义相对论及广义相对论而赢得诺贝尔奖，而使现代科学的面貌彻底改观的偏偏就是他的相对论。

爱因斯坦为量子力学的诞生作出了贡献，他是全新的量子理论的创立者之一。他认为自己对自然界的了解非常透彻，因为他一手创建了两个极富革命性的理论——1905 年的狭义相对论和 1916 年的广义相对论，成功地解释了大型物体和快速运动的物体的种种现象。但是，尽管爱因斯坦在宏观物理学方面的贡献无人能及，在微观的量子理论方面也同样功不可没，但他的世界观却跟不断发展的量子力学解释发生了抵触。他无法摆脱“上帝不掷骰子”的信念，他坚信在自然定律中是不应该存在偶然性的。他认为，虽然量子力学可以用概率来解释实验可能产生的结果，但我们之所以需要概率，却是因为尚未了解量子理论的某个更深的层面，在那个未为人知的层面上，一切物理现象都是确定的（不存在概率性的结构）。这就是广为流传的“上帝不掷骰子”的意思。

量子理论过去是、现在仍然是建立在概率的基础之上的，不能用来做确定不变的预测。正如海森堡的不确定性原理所说的，要同时测知一个粒子的位置和动量是不可能的——若其中一个量被测定，另一个量就必然无法确定。这种新的物理学理论中的随机性、变动性、模糊性和不确定性甚至超出了不确定性原理所描写的范围。我们应该记得，粒子和光子既是波又是粒子，有自己的波函数。“波函数”是什么呢？它本身就是概率的集合，因为任何一个粒子所带的波的振幅的平方其实就是该粒子位置的概率分布。要得到其他可观察物理量的测量结果的概率分布（例如动量），物理学家就必须用波函数和表示被观察物理量的式子进行计算。

量子理论从根本上说是概率性的。我们无论如何都无法摆脱概率。所有的测量结果都带有一定程度的不确定性，而根据量子理论，这种不确定性是不可能消失的，不管我们用什么办法。因而，量子理论和其他利用概率的理论有很大的差别。比如，在经济学里，没有一种理论会明确表示要是绝对不可能精确地得知某个变量的数值。只不过，这里用概率只是说明我们所掌握的已知信息量还不够，它并不是研究对象的本质特征。爱因斯坦强烈地批评量子力学，因为他无法接受自然界的运作是随机性的。上帝主宰一切，他不掷骰子。因此，爱因斯坦认为量子论一定是忽略了某些因素，可能是一些变量，只要我们找到这些变量的值，代表不确定性 / 随机性的“骰子”便会消失。只要发现了这些变量，量子论就会变得完备，变得像牛顿的理论一样，其中所有的量都可以为人们所掌握，并且可以精确地预测。

爱因斯坦不仅排斥自然科学理论中的随机性和偶然性，他还有一些出于“直觉”的观念——同时也是符合大多数人的直觉的。那就是实在性（realism）和定域性（locality）的观念。爱因斯坦认为，构成“实在”（reality）的每一个方面都是真实存在的东西，完善的自然科学理论必须是反映客观实在的。假设某个地方发生了某种现象，如果我们能够在不干扰观察对象的前提下预言它的发生，那么这种现象就是构成客观实在的一个要素。假设有一个粒子位于某个特定位置上，如果我们能够在不干扰它的前提下预知它会出现在那个位置，那么这个位置就是构成客观实在的一个要素。假设一个粒子发生自旋（spin），如果我们能够在不干扰该粒子的前提下预知其自旋方向，那么这种自旋就是构成客观实在的一个要素。定域性也是一种很直观的概念，就是说，发生在某个特定地方的现象不能影响到另外一个距其很远的地方的状况，除非那个地方收到特别的信号（根据狭义相对论，传送信号的速度必然是小于或等于光速的）从而发生相应变化。

爱因斯坦一生始终坚信：描写自然规律的理论，必须遵循以下三个原则——

1. 描写自然界基本现象的理论应当符合确定性的原则，尽管由于人类对初始状态以及临界状态的知识还存在空白，有时候不得不借助概率来预言观察结果。

2. 自然理论应当涵盖客观实在的一切构成要素。

3. 自然理论应当符合定域性的原则：发生在此地的现象均由此地的客观实在要素决定，发生在彼处的现象则由彼处的客观实在要素决定。

爱因斯坦及其合作者认为这些原则都是理所当然的；他们由这些原则推断量子理论是不完备的，虽然他们自己也是这理论的创建者。我们将要看到，人们后来发现上述原则并不适用于量子理论，不过那是20世纪60年代的事了。20世纪70年代以来，越来越多的实验也进一步证明了量子理论是正确的。

1910年春，比利时实业家欧内斯特·索尔维（Earnest Solvay）想到一个主意，他要举办一场科学研讨会。这个想法的由来十分曲折，甚至有些匪夷所思。索尔维创出一种制碱法，因此而发家致富，于是他的自信心高涨。因为他对科学感兴趣，他就开始涉足物理学。索尔维发明了一种关于引力与物质的学说，既说明不了客观事实，跟科学也沾不上边。可是因为他太有钱了，人们还是乐意听他说，尽管大家都知道他的学说很荒谬。德国科学家瓦尔特·能斯特（Walther Nernst）告诉索尔维说，如果他召集当下所有最伟大的物理学家开一次研讨会，就会有人聆听他的理论了。索尔维一听，心中大悦，索尔维会议便应运而生了。

1911年10月末，第一次索尔维会议在布鲁塞尔的大都市饭店（the Metropole Hotel）举办。最著名的物理学家都收到了邀请，其中包括爱因斯坦、普朗克、居里夫人、洛仑兹（Lorentz）等等；被邀请的科学家无一例外地参加了这一场历史性的会议。在接下来的20年间，索尔维会议定期举行，后来还成为量子理论大辩论的阵地——在布鲁塞尔举行的索尔维会议上，玻尔和爱因斯坦就量子力学的哲学意义及物理意义进行了激烈的争论。

自1913年玻尔发表了第一篇关于原子的量子力学论文后，爱因斯坦便对玻尔景仰有加。1920年4月，玻尔到柏林去做一个系列讲座，爱因斯坦正好在柏林的普鲁士科学院任职，于是两人相识了。玻尔在爱因斯坦家里住过一段时间，送给爱因斯坦的家人一些礼物：优质丹麦牛油和其他好吃的东西。爱因斯坦和玻尔一起全神贯注地探讨放射性和原子理论，乐此不疲。玻尔走后，爱因斯坦给他写信说："我几乎从未遇到过像您这样让我一见就高兴的人。我正在研读您的大作，感到非常愉快——除了偶尔被问题卡住以外——就好像看着您朝气蓬勃的笑容，听您对我讲解。"[17]

时间一年年地过去，他们的友谊日渐成熟，两人在探求自然界真理的道路上平和友善地相互竞争。玻尔坚持量子论的正统解释，为量子论神奇诡异的推断做辩护；而爱因斯坦则执著于唯实论，奋力寻求一个更为"顺理成章"（natural）的量子论，只可惜这样的量子论始终无人能够建立。

爱因斯坦和玻尔之间的关于量子力学解释的大辩论于 1927 年第五次索尔维会议上拉开了帷幕，双方的态度都十分认真。量子论的所有创建者都在场：普朗克、爱因斯坦、玻尔、德布罗意、海森堡、薛定谔、狄拉克。会上，"爱因斯坦简单地陈述了他对概率解释的反驳，别的话几乎只字未提……然后便沉默下来。"[18] 可是在酒店的餐厅里，爱因斯坦则表现非常活跃。奥托·斯特恩（Otto Stern）描述了当时的情景："爱因斯坦下来进早餐时会提出他自己对新生的量子论的疑虑。每一次，他都会事先设计好一个漂亮的（假想）实验，让人们看到量子论是行不通的。当时在场的泡利和海森堡只是草草应付说：'啊，会有办法的，会有办法的。'玻尔则不然，他总是小心翼翼地把问题考虑清楚，到了大家共进晚餐的时候，再条分缕析地把难题解决掉。"[19]

海森堡也是 1927 年索尔维会议上的重要人物，他也曾讲述当时辩论的情况："讨论很快就变成了爱因斯坦和玻尔之间的对决，争论的焦点是：当时的原子理论在多大程度上可以看作是几十年来争论不休的那些难题的最终答案？我们一般在酒店用早餐的时候就见面了，爱因斯坦会在用餐时描述一个理想实验，他认为这样的实验可以显示出哥本哈根学派解释的内在矛盾。"[20]

玻尔往往要用一整天的时间去考虑如何回应爱因斯坦的质疑，到了傍晚，他便将自己的观点说给他的量子论同道们听。吃晚饭的时候，他会给爱因斯坦一个答案，回应早上提出的问题。虽然爱因斯坦无法反驳玻尔的分析，但他的心里并不服气。据海森堡回忆，爱因斯坦的好朋友保罗·埃伦费斯特（Paul Ehrenfest，1880—1933）曾对爱因斯坦说："我为你感到羞愧。你现在的样子，就跟当初千方百计反对你的相对论的那些人一样，都是徒劳的。"

支持和反对量子论的争论，在 1930 年的第六次索尔维会议上变得更加激烈。这次会议的主题是磁学，但这并不妨碍与会者们在议程之外继续量子力学的热烈讨论，酒店的走廊和餐桌都成为他们辩论的阵地。有一次在吃早餐的时候，爱因斯坦对玻尔说他想到了一个测量能量和时间的实验，可以证明不确定性原理不成立。爱因斯坦想象出了一个巧妙而复杂的装置：有一个箱子，箱子的一侧开有小口，口上安有小门，小门由箱子内的一个时钟控制，可以在瞬间开合。箱子里充满了放射物，箱子的重量是经过测量的。打开箱子上的小门，放走一个光子后立即关闭。然后再次测量箱子的重量。利用光子放走前后箱子的重量差，我们便可以从爱因斯坦的公式 $E = mc^2$ 得出逃逸的光子的能量。爱因斯坦认为这样一来，从理论上说该光子的能量和逃逸的时间都可以准确地测知，所以不确定性原理是站不住脚的（因为根据不确定性原理，在这个实验中光子逃逸的时间和光子所带的能量不可能都被准确地测量出来）。爱因斯坦的理想实验装置如下图所示。

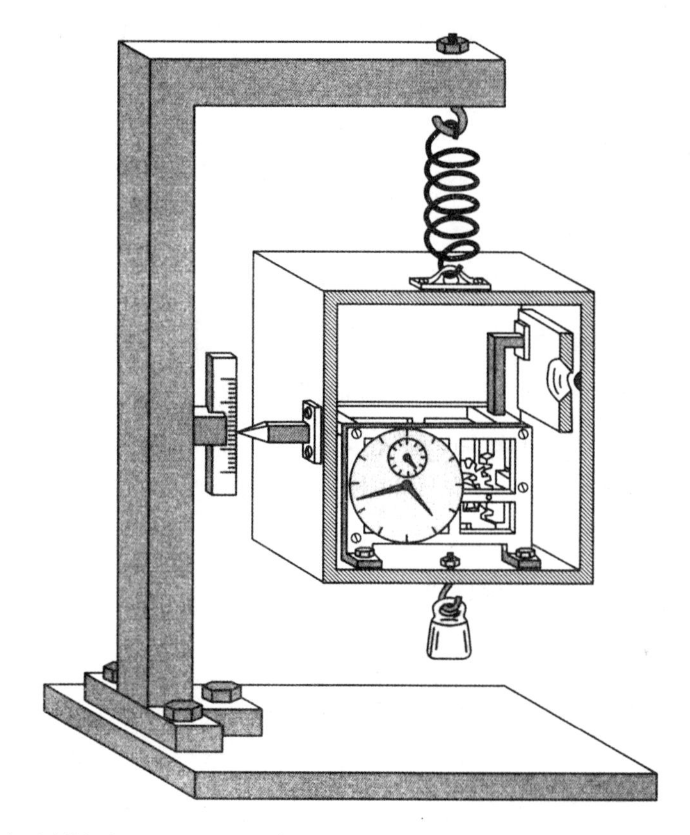

据派斯（Pais，1991）描述，当时的与会者们看见玻尔惊呆了，他一时不知该如何回应爱因斯坦对量子论发起的挑战。整个晚上，玻尔闷闷不乐，四处求援，想让大家相信爱因斯坦得出的结论不可能是真的：可是怎样才能驳倒爱因斯坦呢？玻尔说，假如爱因斯坦是对的，物理学的末日就到了。他想了又想，就是没法驳倒爱因斯坦巧妙的推论。物理学家莱昂·罗森菲尔德（Leon Rosenfeld，1904—1974）也参加了这一次会议，他说："我永远忘不了那两位对手离开会所时的情景：爱因斯坦身影高大威严，脸上带着一丝嘲弄的笑意，一言不发地走着，玻尔一路小跑，紧随其后，神情激动……第二天上午，玻尔就迎来了胜利。”[21]

有一张照片生动地记录了这个场面。

玻尔终于在爱因斯坦的推论中找到了一处破绽。爱因斯坦没有考虑到，测量箱子的重量即是观察它在引力场中的位移，箱子的位移导致箱子的质量无法准确测定——从而光子的能量也无法确定。且当箱子发生位移的时候，箱子里的时钟也随之发生位移，因此时钟所在的引力场发生了轻微的变化，已不是起初的那个引力场了。时钟在发生位移后的快慢与测量行为发生前是不同的，因此光子逃逸的时间同样是不确定的。这下玻尔证明了能量和时间之间的不确定性关系恰恰和不确定性原理所预言的一般无二。

玻尔这一招精彩绝伦，他用爱因斯坦的独门绝技广义相对论，将爱因斯坦来势汹汹的挑战生生挡了回去。时钟在不同引力场中快慢不同，这正是广义相对论的一个重要内容。玻尔巧妙地用相对论证明了量子力学的不确定性原理。

然而，争论仍在继续。爱因斯坦精通物理，老谋深算，屡出奇招，一心要扳倒以概率论为基础的量子力学，因为这种建立在不确定性之上的自然科学理论令他十分反感。同时，他身为量子论的开山鼻祖，对量子论自然了如指掌，比任何人更清楚个中的虚实浅深，所以招招精准，直逼要害。每一次爱因斯坦出手，玻尔都不免手足失措，忧心忡忡，上下求索，几近癫狂，直到看见出路。他常常会在沉思中反复念叨一个词。跟他同行的物理学家说，他站在房间里，嘴里不停地嘀咕着：“爱因斯坦……爱因斯坦……”然后踱到窗前，注视着外面，思考在继续，嘴里接着念：“爱因斯坦……

爱因斯坦……”

爱因斯坦参加了1933年的索尔维会议，他听玻尔发表了一篇量子论方面的讲话，其间全神贯注，没有发表任何评论。讨论开始后，他将话题引向了量子力学的意义。罗森菲尔德说，爱因斯坦“在面对量子论的种种奇怪的推论时，还跟从前一样觉得不自在”。[22]就在这时候，他再次对量子论发起挑战，亮出了一件最厉害的武器。他问罗森菲尔德：“你怎么看这样一种情况：假设有两个粒子，我们让它们以相同的巨大动量相向飞出，它们在经过某个已知位置的瞬间会发生相互作用。现在来了一位观测者，他在距离相互作用位置很远的地方捉住其中一个粒子，测出它的动量；然后他显然可以根据该实验的条件推出另一个粒子的动量。如果他测量的是第一个粒子的位置，那么也就可以推算出另一个粒子的位置了。这是可以直接由量子力学原理推出来的正确结论；可这里面难道不是自相矛盾的么？在两个粒子之间不存在任何相互作用的情况下，对第一个粒子的测量行为怎么可以影响到第二个粒子的最终状态呢？”

这就是爱因斯坦向量子力学敲出的一记重锤，它从量子论推出了显然不合常理的结果，显示出量子论自相矛盾之处，从而否定了量子论本身。两年后，这个论断才真正震撼了科学界。当时跟爱因斯坦一起听玻尔的发言、又一起讨论这个问题的罗森菲尔德以为爱因斯坦只不过是要通过这个假想实验来显示量子力学的又一个不为人知的特质，殊不知爱因斯坦在玻尔发言过程中得到的灵感会不断发展，两年之后才最终定形。

希特勒上台后，阿尔伯特·爱因斯坦离开了德国。实际上从1930年开始，爱因斯坦已经有相当大的一部分时间是旅居国外的：先是在加利福尼亚的加州理工大学，后来又去了牛津大学。1933年，爱因斯坦接受了普林斯顿大学新成立的高级研究所的职位。他原打算一部分时间待在普林斯顿，一部分时间待在柏林，但在希特勒得势以后，他放弃了德国的一切职务，发誓永不归国。他在比利时和英国稍事停留，最终 1933 年 10 月抵达普林斯顿。

爱因斯坦在高级研究所就职了。研究所为他安排了一名助手——24 岁的美国物理学家内森·罗森（Nathan Rosen，1910—1995）。另外，他在所里还遇到了三年前在加州理工认识的波利斯·波多斯基（Boris Podolsky）。虽然爱因斯坦横渡太平洋去了美洲，离开量子论的发源地欧洲万里之遥，但是那神奇诡异、充斥着令人难以理解的逻辑和假设的量子力学却始终萦绕在他的心头。

爱因斯坦通常是独自一人做研究的，他的论文也很少跟别人合写。但在 1934 年，他却与波多斯基及罗森合作撰写了他批判量子理论的最后一篇论文。[23] 爱因斯坦在 1935 年致埃尔文·薛定谔的信中说明了这篇著名的 EPR（Einstein-Podolsky-Rosen）论文的由来："因为语言问题，这篇论文在长时间的讨论之后是由波多斯基执笔的。但我的意思并没有被很好地表达出来；其实，最关键的问题反而在研究讨论的过程中被掩盖了。"虽然爱因斯坦是这么说，但是 EPR 论文中的观点却着实震动了全世界。在这篇文章里，爱因斯坦等三人用"纠缠态"的概念来质疑量子理论的完备性。远在苏黎世的沃尔夫冈·泡利（Wolfgang Pauli，1900—1958）跳了起来。他也是量子论的奠基者，发现了原子中电子的"不相容原理"（exclusive principle）。他给海森堡写了一封长信，信中说："爱因斯坦又出来批评量子力学了，就发表在 5 月 15 日的《物理评论》上（是跟波多斯基、罗森联合撰写的——不是很好的组合）。众所周知，他一开口准有一场灾难。"EPR 论文发表在美国期刊上，泡利非常担心，生怕美国学界会因此反对量子论。泡利建议海森堡火速撰文辩驳，因为他的不确定性原理正是EPR论文攻击的焦点。

反应最强烈的是哥本哈根。尼尔斯·玻尔像被雷电击中一样，大惊失色，手忙脚乱，并且十分恼火。他抽身离去，回到家中。据派斯说，当时罗森菲尔德正在哥本哈根访问，玻尔第二天一大早就来到他的办公室，满面春风。他冲罗森菲尔德说："Podolsky，Opodolsky，Iopodolsky，Siopodolsky，Asiopodolsky，Basiopodolsky ..."罗森菲尔德听得一头雾水。玻尔解释说他念的是霍尔堡（Holberg）的戏剧《伊萨卡岛的尤利西斯》（*Ulysses von Ithaca*）第一幕第十五场中的台词，戏中有个仆人突然开口说出那一串莫名其妙的话。[24]

据罗森菲尔德回忆，EPR论文一发表，玻尔立即放下手头的一切工作。他觉得这里面的误解必须马上澄清，越快越好。玻尔提议就用爱因斯坦的实验来说明应该如何"正确"理解量子论。玻尔激动不已，开始一字一句地告诉罗森菲尔德该如何回应爱因斯坦。不一会儿，他停下来，说："不，这样不行……我们得重来……得把问题讲清楚……"罗森菲尔德说，玻尔就这样跟他讲了很久；其间，玻尔不时打住，回头问罗森菲尔德："这会是什么意思？你明白这意思吗？"他翻来覆去地思考，却找不到头绪。最后，他说他"必须带着这问题去睡觉"了。[25]

接下来的几个星期，玻尔渐渐平静下来，已经可以安心撰写反驳EPR的论文。经过三个月的艰苦工作，玻尔终于把回应EPR的论文提交给《物理评论》杂志。他在文中写道："我们无妨采用EPR中提出的实验，问题只是在于如何将不同的实验步骤区别开来；在不产生歧义的前提下，不同的实验步骤是可以用互补的经典概念来描述的。"

并非所有的物理学家都这样看。不确定性原理是 EPR 攻击的重点，其发现者埃尔文·薛定谔对爱因斯坦说："你掐住了正统量子力学的死穴，真是大快人心。"大多数科学家要么赞同玻尔对 EPR 的回应，要么认为双方的分歧在于哲学基础而不在物理，只要实验结果不成问题，其他方面的争论也就无所谓了。30 年后，贝尔定理将从根本上改变这种观点。

EPR 论文究竟说了什么？

爱因斯坦、波多斯基和罗森认为，如果一个物理系统的某种特征可以被准确地预测，同时该系统又不被影响，那么这种特征就可算是"构成物理实在的一个要素"。

EPR 还认为，对物理系统的"完备"的描述，必须能体现与该系统有关的一切物理实在要素。

现在我们来看爱因斯坦的实验（跟他两年前说给罗森菲尔德的实验基本相同）。两个粒子彼此相联，这就是说其中一个粒子的位置和动量可以透过对另一个粒子的测量而得到，第一个粒子完全不受干扰。因此该粒子的两个物理特征（位置和动量）都是构成物理实在的要素。由于量子力学不能同时描写这两种特征，所以量子论是不完备的。

EPR 论文（加上后来的贝尔定理）是 20 世纪科学史上最重要的论文之一。它宣布："如果我们可以在不干扰系统的前提下预测出该系统一个物理量的确定值（即概率等于 1），那么该物理量就可以代表一种物理实在要素。虽然这个标准远远不能涵盖识别物理实在的全部方法，但它至少给我们指出了一个方法，只要其中规定的条件都具备。"[26]

EPR随后便开始描述纠缠态。这些纠缠态非常复杂，因为它们包含了两个粒子的位置和动量，这两个粒子曾发生过相互作用，所以彼此之间是相关的。EPR主要描述了有关位置和动量的量子纠缠现象，之后他们总结道：

“这样，通过对A或者B的测量，我们便可以在不干扰另一粒子的情况下确定地预测出它的P值或者Q值。根据我们给客观实在定下的标准，测量P时P就显示为客观实在的一个要素，测量Q时Q就显示为客观实在的一个要素；我们已经知道，这两个波函数是同属于一个物理实在的。前面已经证明了问题只可能出在以下两方面（二者必居其一）：（1）用波函数来描写客观实在的量子力学是不完备的；（2）用于测量这两个物理量的算子若不遵守交换律，那么这两个量就不可能同时成为物理实在……所以我们只能得出一个结论：用波函数来描写客观实在的量子力学是不完备的。”

爱因斯坦等人的推论是基于一个看似非常合理的假设：定域性假设。一个地方发生的现象不可能即时影响到另一个地方的现象。EPR说：“如果我们可以在不干扰系统的前提下预测出该系统一个物理量的确定值（即概率等于1），那么该物理量就可以代表物理实在的一个构成要素。”在测量粒子1的位置时，上述条件可以满足；在测量粒子1的动量时，上述条件也可以满足。通过这两种测量行为，我们可以确定地预言出粒子2的位置（或者动量）。因此可以推断它存在着这个物理实在要素。既然粒子2没有受到对粒子1的测量行为的影响（这是EPR的假设），那么一个实验说明粒子2的位置是物理实在要素，另一个实验则说明粒子2的动量是物理实在要素，从而位置和动量都是属于粒子2的物理实在要素。于是就产生了EPR“佯谬”。两个粒子是彼此相关的，测量其中一方便可得知另一方的状态，量子理论能推出这样的结论，说明量子论是不完备的。

玻尔在他的辩驳中说："在我看来，他们（EPR）的思路和原子物理学中的真实情况并不完全吻合。"他认为EPR"佯谬"并不会真的威胁到量子理论在实际物理问题中的应用。大多数物理学家似乎同意他的观点。

爱因斯坦1948年和1949年的论文又回到了EPR问题上，不过在他1955年逝世以前，他用了大部分的精力来创建一套统一的物理学理论，可惜没能成功。他始终不肯相信上帝会掷骰子——始终不认为基于概率性的量子力学是完备的理论。他觉得量子力学中一定缺少了一些东西，某些能够更好地解释客观实在的变量被忽略了。难题尚未解决：在同一个物理过程中生成的两个相关粒子，永远彼此相联，它们的波函数无法分解成两个因式。其中一个粒子发生任何状况，另一个粒子必定同时发生相应改变，无论它们各自飞到宇宙的哪个角落。爱因斯坦称其为"诡异的远距离作用"。

玻尔始终没有忘记他和爱因斯坦之间的争论。直到1962年去世的那一天，他还在谈论那些问题。为了让科学界接纳量子理论，玻尔拼尽了全力，他把每一次对量子论的攻击都视为对他个人的攻击，认真地去应对。大多数物理学家以为玻尔最终摆平了量子论的争议，击败了EPR。不料二十年后，爱因斯坦的主张由另一位物理学家再度提出，并得到了改进。

第十二章

波姆与阿哈朗诺夫

"目前最基本的理论从形式上说都是概率性的，而不是确定性的。"

——戴维·波姆

戴维·波姆（David Bohm）出生于1917年，曾先后就读于宾夕法尼亚大学和加州大学伯克利分校。他一度师从罗伯特·奥本海默（Robert Oppenheimer），直到奥本海默离开伯克利去领导曼哈顿计划为止。波姆在伯克利取得博士学位后，便前往普林斯顿大学任职。

戴维·波姆在普林斯顿大学研究量子力学的哲学问题，1952年取得了EPR问题上的突破。波姆修改了爱因斯坦的实验设置，令EPR"佯谬"中的问题变得清晰、简洁、容易理解。他将爱因斯坦假想实验中的两个物理量——位置和动量——改成一个变量，即两个粒子各自的"自旋"（spin）方向。在波姆描述的实验里，两个粒子也是处在两个相距甚远的位置，因而对其中任何一个粒子的自旋方向的测量在时间和空间上都是分离的，不会直接影响到另外一个粒子，这一点跟原版的EPR实验是一样的。

某些粒子是带有自旋的，例如电子。实验员可以从任意方向上测量粒子的自旋，无论取什么样的轴线，测量的结果都无非是"上旋"或者"下旋"。假设两个粒子处于单态（singlet），即它们的总自旋为零，如果它们之间发生纠缠，那么它们的自旋就必定相互关联着：一个粒子上旋，另一个粒子必定下旋。我们不知道粒子是向哪个方向自旋，根据量子论，自旋未被测量（或者以别的方式描述）时不是一个确定的物理性质。两个粒子在一个母粒中发生纠缠后向相反的方向飞出，过了一段时间，实验员爱丽丝对粒子 A 进行了测量，她任取一个方向 x 测出了 A 的自旋方向。假设实验员鲍勃同时对粒子 B 进行测量，根据量子论，如果粒子 A 在 x 轴方向上为“上旋”，那么粒子 B 在 x 轴方向上必定“下旋”。如果爱丽丝和鲍勃任意另取一个方向 y 再测量，两个粒子的自旋方向仍是“反相关”（anti-correlation）的（用自旋作 EPR 推论必须用两条不同方向的轴线分别进行测量）。

在波姆版的 EPR 假想实验里，两个相互纠缠的粒子被释放出来。只要其中一个粒子的自旋测定为“上旋”，那么另一个粒子的自旋必为“下旋”，在任何方向上测量结果都是这样。根据量子力学，在不同方向上测量得出的粒子自旋值不能同时成为物理实在，而 EPR 则认为所有的测量结果都是真实的。波姆版的 EPR 假想实验大大简化了分析过程。波姆版 EPR 假想实验如下图所示：

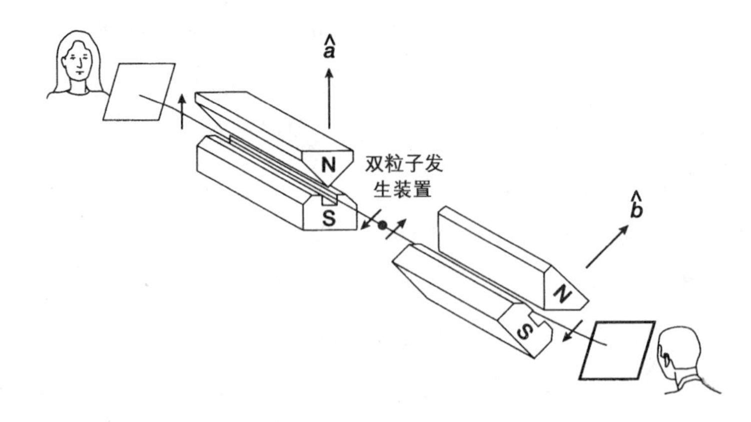

1949 年，在麦卡锡主义的高潮期，波姆受到美国众议院非美活动调查委员会的调查。他拒绝回答问题，但也没有受到指控。不过他失去了普林斯顿大学的职位，离开美国前往巴西圣保罗工作。后来他又到以色列生活了一段时日，最后去了英国，担任伦敦大学理论物理学教授。波姆继续研究量子论的基础，他的研究成果改变了量子力学“正统”的哥本哈根解释。

1957 年，波姆和以色列海法技术工程学院的亚克·阿哈朗诺夫（Yakir Aharonov）共同完成了一篇论文，文中回顾了吴健雄和萨克诺夫早年的实验，该实验显示了波姆版 EPR 假想实验中的自旋相关现象是存在的。当时物理学界有人认为 EPR 实验中的粒子也许并非真的发生纠缠，也有人认为粒子间的量子纠缠会随着距离的增大而消失；波姆和阿哈朗诺夫的论文指出这两种观点都是不对的。此后，所有的相关实验都证明：粒子纠缠是真实的物理现象，纠缠现象不会随着距离的增大而消失。

1959 年，波姆和阿哈朗诺夫发现了 A-B 效应（Aharonov-Bohm effect），两人都因此而成名。A-B 效应是一种神秘的现象，就像纠缠态一样，具有非定域性的特点。波姆和阿哈朗诺夫发现，电子经过的路径上电磁场场强为零时也会产生电子干扰中的相移。这就是说，假如一个圆柱体内部有一个电磁场，且电磁场完全被封闭在圆柱体内部，从圆柱体外面飞过的电子却仍然会跟里面的电磁场发生感应。因此，从圆柱体外面经过的电子会神奇地受到封闭在柱体内部的磁场的影响。如下图所示。

A-B 效应也成了量子力学的一个谜，没有人真正明白“为什么”会这样。它跟纠缠态一样，都有非定域的特质。波姆和阿哈朗诺夫是用数学的方法从理论上推导出这种效应的。许多年后，A-B

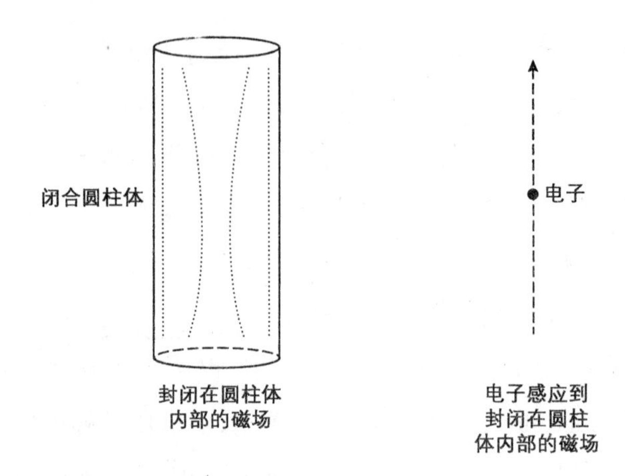

效应才被实验证明出来。

波姆的研究大大推进了我们对量子论和纠缠态的理解。此后几十年中，实验物理学家和理论物理学家总是最喜欢用波姆版的EPR假想实验来研究纠缠态。

不仅如此，1957年波姆和阿哈朗诺夫还提出了验证EPR佯谬的一个重要条件。他们指出，要想证明EPR粒子是否会像爱因斯坦等人所反对的那样运动，就必须采用延迟决定装置。也就是说，实验员必须是在粒子飞出“以后”才决定要测量哪一个自旋方向。只有这样设计的实验才能保证其中一个粒子（或者实验仪器）不会“通知”另一个粒子到底发生了什么事。后来，约翰·贝尔也强调了这个条件，他提出的定理将改变我们对“实在”的认识。还有一位重要的实验物理学家会将这个条件用到验证贝尔定理的实验中，进一步证实相距遥远的粒子之间的纠缠是一种真实的物理现象。

1930 年索尔维会议上的尼尔斯·玻尔和阿尔伯特·爱因斯坦。
本图承哥本哈根的尼尔斯·玻尔文献馆提供。

1932 年尼尔斯·玻尔和维尔纳·海森堡在蒂罗尔（Tyrol）。
本图承哥本哈根的尼尔斯·玻尔文献馆提供。

1936 年哥本哈根会议上的海森堡和玻尔。
本图承哥本哈根的尼尔斯 · 玻尔文献馆提供。

1930 年尼尔斯 · 玻尔和马克斯 · 普朗克在哥本哈根。
本图承哥本哈根的尼尔斯 · 玻尔文献馆提供。

1921 年的马克斯 · 普朗克。

本图承哥本哈根的尼尔斯 · 玻尔文献馆提供。

埃尔文·薛定谔。

本图承哥本哈根的尼尔斯·玻尔文献馆提供。

约翰·贝尔。
本图承玛丽·罗斯·贝尔提供。

安东·塞林格的实验室，(从右到左)丹尼尔·格林伯格、迈克尔·霍恩、安东·塞林格三人在GHZ实验装置前。
本图承安东·塞林格提供。

阿拉文德（P.K.Aravind）。
本图承阿米尔·艾克塞尔提供。

阿莱恩·阿斯派克特在法国奥塞的办公室里。
本图承阿米尔·艾克塞尔提供。

迈克尔·霍恩与其妻卡罗尔，安东·塞林格与其妻伊丽莎白。2001 年摄于马萨诸塞州的剑桥。

本图承阿米尔·艾克塞尔提供。

阿伯纳·西摩尼。

本图承阿米尔·艾克塞尔提供。

约翰·阿奇博尔德·惠勒（右）与本书作者在缅因州惠勒家的露台上。
本图承狄波拉·格罗斯·艾克塞尔提供。

第十三章
约翰·贝尔的定理

“那么，在我看来，量子论的真正问题就在这里：清晰的表达式和基本的相对性之间显然有着与生俱来的矛盾。要调和量子论和相对论，单靠技术进步也许还不够，可能还需要概念上的彻底更新。”

——约翰·贝尔

约翰·斯图尔特·贝尔（John Stewart Bell）1928 年出生于北爱尔兰贝尔法斯特的一个工人阶级家庭，家里人都以打铁和种地为生。他长着一头红发，皮肤上斑点很多，为人温和有礼，喜欢自省。他父亲约翰和母亲安妮，都出身于长期定居北爱尔兰的家族。贝尔的中间名字“斯图尔特”是他母亲的苏格兰娘家姓氏，在上大学以前，家人一直管他叫“斯图尔特”。贝尔一家人都是圣公会信徒（信仰爱尔兰国教），但是贝尔在与人交往中往往不顾宗教和种族的限制，他的许多朋友是信仰天主教的。贝尔的父母都不是有钱人，但他们非常重视教育，辛辛苦苦省下钱来供他上学，而家中其他的孩子很早就辍学务工了。贝尔的两个弟弟后来都自学成才，一个当了教授，另一个做了成功的生意人。

贝尔 11 岁时便博览群书，决心成为科学家。他的中学入学考试成绩优异，可惜家里经济拮据，无法供他入读重理科的学校。于是贝尔只好上了贝尔法斯特的技工学校，一边学习文化课，一边学习实用技能。1944 年，16 岁的贝尔中学毕业，随即应聘到贝尔法斯特的女王大学（Queen's University）担任物理系的技术助理，在卡尔·艾米留斯（Karl Emeleus）手下做事。艾米留斯非常欣赏贝尔的科学禀赋，不但借书给他看，还允许他在被正式录取前就旁听一年级的课程。

贝尔当了一年技术员，便被大学录取为正式学生，还得到了一笔小小的奖学金，这下他终于可以攻读物理学位了。1948 年，贝尔大学毕业，取得了实验物理学学位，他在学校又待了一年，取得了数学物理学的第二学位。贝尔有幸师从物理学家保罗·埃瓦尔德（Paul Ewald），埃瓦尔德很有才华，从德国流亡到北爱尔兰，是 X- 射线结晶学领域的领军人物。贝尔的物理成绩非常优秀，但他不满意大学里教授的量子论。他那好学深思的头脑已经想到，量子论的某些神秘的方面在课堂上没有得到解释。当时的他并不知道那些未经解释的问题其实无人能懂，更没有想到那些问题的答案日后将由他自己去发现。

贝尔在贝尔法斯特女王大学的一间物理实验室工作了一段时间后，进了伯明翰大学，并于 1956 年取得了物理学博士学位。他的研究方向是核物理和量子场论，拿到学位后在英国原子能管理局工作了好几年。

贝尔在英国的马尔文学院研究加速器物理学期间，认识了玛丽·罗斯（Mary Ross），她也是加速器物理学专家。两人于 1954 年结为伉俪，追求共同的事业，常常携手研究同样的课题。他们都取得了博士学位（罗斯在格拉斯哥大学拿到数学物理学博士学位），一起在哈威尔（Harwell）研究中心参与英国的原子能建设。几年后，两人渐渐对原子能研究中心的发展方向失去了兴趣，于是双双辞职，接受了日内瓦的欧洲原子能研究中心（CERN）的非终身职位。贝尔在理论部门，罗斯则加入了加速器研究小组。

认识贝尔的人无不被其才学、诚实和谦逊所打动。贝尔发表了很多论文，还写了很多重要的内部备忘录，认识他的人都知道他属于那个时代最有才智的一群人。贝尔有着三个不同领域的研究：一是粒子加速器研究；二是他在欧洲原子能研究中心从事的理论粒子物理学研究；三是量子力学基本概念的研究——这一方面的成就最终使他名声大振，影响远远超出了物理学界。在他参加的各种研讨会上，三个领域的研究者都会在各自相关的会议上聚首，但不同领域的与会者彼此却不认识。显然，贝尔有意把三个研究方向分别开来，所以其中每一个学科领域的研究者都不知道他同时也在从事另外两个领域的研究。

约翰·贝尔在欧洲原子能研究中心的办公时间全部用于研究理论粒子物理学和加速器设计，因此他只能利用在家休息时间来从事他的“业余爱好”——探索量子论的基本问题。1963年，他休了一年假，离开欧洲原子能研究中心先后去了斯坦福大学、威斯康星大学和布兰德斯大学。贝尔就是在这一年旅居国外的访学过程中真正开始探索量子论的核心问题的。1964年回到欧洲原子能研究中心后，他还在继续研究量子问题，不过很小心地将量子论研究跟自己在欧洲原子能研究中心的“主业”——粒子和加速器研究——分别开来，因为他在研究中早就发现量子论中有许多暗礁险滩，很难逾越。在美国休假时，贝尔的研究有了突破，他发现约翰·冯·诺依曼的量子论假设中有一处错误，但是，用贝尔自己的话说：“我抽身离开了。”

没有人怀疑过约翰·冯·诺依曼的才华——他是第一流的数学

家，甚至可以说是天才。在数学方面，贝尔跟冯·诺依曼也没有什么争议。问题是出在数学和物理的交界处。冯·诺依曼在他那本讨论量子论基本原理的奠基之作中有一个重要预设，后面的一系列推论都基于此；约翰·贝尔认为这一预设从物理学角度看是不成立的。冯·诺依曼在他的量子论著作里预设几个可观察的量之和的预期值等于其中每一个可观察的量的预期值之和。【用数学语言表达就是：若 A，B，C，……为可观察量，E（ ）为预期算子，冯·诺依曼认为很自然可以得出下列等式：$E(A+B+C+\cdots\cdots)=E(A)+E(B)+E(C)+\cdots\cdots$】约翰·贝尔知道这个预设貌似合理，但是如果其中的可观察量 A，B，C，……是用不一定符合交换律的算子来表达，那么此预设的物理意义就说不通了。用不太精确的非数学语言来说，冯·诺依曼似乎是忽略了不确定性原理及其推论，因为根据不确定性原理，不遵守交换律的算子是不能同时准确测知的。

约翰·贝尔写成了讨论量子论基本原理的第一篇论文，并于1966年发表。以发表时间算，这篇论文是排在第二（另有一篇相关的论文写作时间较晚，却先行发表了；稍后将作介绍）。论文的题目是《论量子力学的隐变量问题》（“On the Problem of Hidden Variables in Quantum Mechanics”），贝尔在文中指出了冯·诺依曼书中的错误，以及姚赫（Jauch）与派伦（Piron）联名发表的论文与安德鲁·格里森的（Andrew Gleason）论文中类似的问题。

格里森是与冯·诺依曼齐名的数学家，哈佛大学教授，因解出希尔伯特的一道著名的难题而成名。1957年格里森写了一篇论文，讨论希尔伯特空间的投影算子。贝尔并不知道，格里森的定理是与量子力学中的隐变量问题有关的。约瑟夫·姚赫曾在日内瓦生活过一段时间，当时贝尔夫妇也在日内瓦。因为姚赫在研究格里森的隐变量论文，贝尔才注意到格里森的定理。格里森定理是一般性的定理，并非旨在解决量子论问题——因为证明此定理的是一个只关注数学而不关心物理的纯数学家。虽然如此，该定理引出的一个引人注目的推论却具有重要的量子力学意义。这条出自格里森定理的推论可以说明，任何一个可以用三维以上的希尔伯特空间来表示的量子力学系统都不可能呈现弥散状态。贝尔注意到，如果格里森的假设是不充分的，那么一个比较普遍的隐变量理论就有可能存在，这类理论就是今天我们所说的“语境”（“Contextual”）隐变量理论。如果是这样的话，把格里森定理用在 EPR 佯谬中就会出现漏洞。

无弥散状态（dispersion-free states）是指具有精确的测量值的状态，其中没有变化，没有弥散，没有不确定性。如果无弥散状态果真存在，那么其精确性必然来自某些被忽略的隐变量，因为量子论包含了不确定性原理。

贝尔不明白格里森是如何由其定理推出这个结论的，所以他就用自己的方法证明了除了二维的希尔伯特空间外（这种情况无关紧要），并不存在无弥散态，因此隐变量不存在。另外，针对冯·诺依曼的观点，贝尔证明了冯·诺依曼所用的预设是不恰当的，从而其结论也是有问题的。贝尔又一次提出了量子论是否存在隐变量的问题，接着他更进一步，瞄准了 EPR 问题和量子纠缠。

贝尔读过爱因斯坦、波多斯基、罗森三人于 1935 年联名发表的论文，该文对量子论提出了挑战，事情已经过去 30 年了。玻尔等人对 EPR 已做出回应，物理学界几乎人人都相信问题已经解决，爱因斯坦的观点是错的。但是贝尔不这么看。

约翰·贝尔发现了当年EPR争论中的一个重要事实：他“知道”爱因斯坦等人其实是对的。众人皆谓“EPR佯谬”，但其实它根本不是什么佯谬。爱因斯坦等人实际上是发现了一些关系到我们对宇宙的理解的重要问题，但问题不在于量子论不完备，而在于量子力学跟爱因斯坦所坚信的实在论和定域论无法并存。如果量子论是正确的，定域论就不正确；如果我们坚持定域论，那么量子论对微观世界的描述就会出问题。贝尔将这一结论表述为一个深奥的数学定理，由不等式构成。他指出，如果实验结果违背了他的不等式，那么就可以证明量子力学是正确的，而爱因斯坦对定域实在性的常识性的预设是不正确的。如果实验结果符合他的不等式，那么就可以证明量子论是错误的，而爱因斯坦所持的定域性观点是正确的。更准确地说，实验结果可能既违背贝尔不等式，又违背量子力学，但是绝不可能既符合贝尔不等式，又符合量子力学对某些量子态的描述。

约翰·贝尔写了两篇具有开创性的论文。第一篇论文分析了冯·诺依曼等人的观点，他们都讨论了隐变量是否存在的问题，即是否存在爱因斯坦等人所说的那种能使量子论变“完备”的隐变量。约翰·贝尔在论文中首先证明了由冯·诺依曼等人提出的、用于论证隐变量不存在的定理都是不严密的。接着贝尔证明了自己的定理，真正说明了隐变量是不存在的。由于发表时间的延误，贝尔的这篇重要论文1966年方才面世，出现在他撰写的第二篇论文之后。他的第二篇论文发表于1964年，题目叫《论爱因斯坦-波多斯基-罗森佯谬》，此文提出了影响深远的“贝尔定理”，它改变了我们对量子现象的认识。

贝尔采用了EPR佯谬的一种特殊形式，也就是经戴维·波姆

（David Bohm）简化改良过的EPR实验。他考察了从一个粒子发出的处于单态的两个相互纠缠的1/2自旋粒子，分析这个实验会产生什么结果。

贝尔在文中说，EPR佯谬已经发展成为论证量子论不完备、必须补充其他变量的依据。EPR认为，有了那些额外的变量，量子力学便可找回那失去的因果概念和定域性概念。贝尔在一条注解中引用了爱因斯坦的话：[27]

> 但我认为，我们应当牢牢抓住一个预设：如果系统S_1和系统S_2相隔甚远，系统S_2的真实状况是不会因系统S_1受到扰动而改变的。

贝尔表示，他要以数学的方法来说明爱因斯坦的因果观和定域观与量子力学的表述是不能共存的。他进而又说，正是定域性要求——即一个系统的状态不应受到与之相距甚远、曾经发生相互作用的系统状态的影响——造成了根本的困难。贝尔的论文提出了一个选择定理（theorem of alternatives）：或者定域隐变量是正确的，或者量子力学是正确的，但两者不可能都正确。如果量子力学是描述微观世界的正确理论，那么非定域性（non-locality）就是微观世界的一个重要特征。

贝尔首先假设量子力学是可以由某种隐变量结构来补足的，就像爱因斯坦所要求的那样。那么，这些隐变量必定带有量子力学所缺少的信息。实验中的两个粒子带有一个指令集（instruction set），会提前告诉粒子在不同情况下应当怎样行动，也就是说，让粒子知道每次选定的测量轴是什么方向。在这种假设下，贝尔推出了一个矛盾的结果，可以说明量子力学是不可能用隐变量来补充的。贝尔定理可以用一个不等式来表达，不等式中的S表示两名实验员爱丽丝和鲍勃的测量结果的总和。

贝尔不等式为：$-2 < S < 2$

该不等式可以表示为下图。

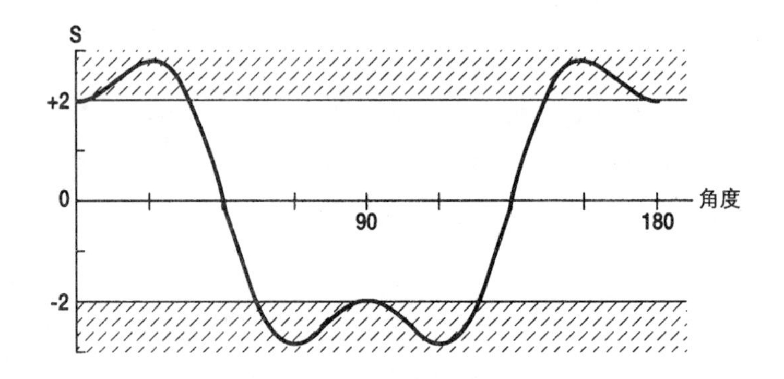

根据贝尔定理，如果实验结果不符合上述不等式（即在真实的纠缠粒子实验中爱丽丝和鲍勃的测量结果的总和大于2或小于-2），那么这个实验就可以证明非定域性的存在，也就是说其中一个粒子的状况确实可以同时影响另一个粒子的状况，无论两个粒子之间的距离有多么遥远。现在就等实验家们去寻找这样的实验结果了。

不过，这里还有一个问题。贝尔由定域性预设推导他的不等式，是利用了一个特殊的假设。他假设隐变量理论完全符合量子力学对成对单态粒子的预测：无论自旋轴取什么方向，对于同一条自旋轴，粒子1的自旋总是与粒子2相反。因此，如果实验值与贝尔不等式数值的量子力学预测相符，这个发现仍无法说明定域性预设是错误的，除非能够先找到证据证明贝尔所用的特殊假设是正确的；这样的证据在实践中很难找到。这个问题最终导致了实验测试上的障碍。以后，克劳瑟（Clauser）、霍恩（Horne）、西摩尼（Shimony）将会对贝尔定理进行拓展和完善，从而解决这一技术问题，使贝尔不等式能用于真实的物理实验。

不管怎么说，贝尔定理的结论就是：隐变量假设和定域性假设在量子论中都不能成立，量子论与这两种假设是不能共存的。因此，贝尔定理是物理学上非常有力的理论成果。

有一回西摩尼问我："你可知道为什么贝尔能够重拾EPR佯谬，又证明出能使非定域性跟量子论融为一体的定理？"接着他说："认识约翰·贝尔的人都知道，只有他可以，换了谁也不能够。贝尔是个非常特别的人，他严谨好学，意志顽强，而且敢作敢当。他的性格比别人更坚强。他敢跟本世纪最著名的数学家约翰·冯·诺依曼较劲，还毫不犹豫地指出冯·诺依曼的预设是错的。然后又跟爱因斯坦较上了劲。"

爱因斯坦等人认为，空间距离遥远的系统之间的纠缠态是令人难以相信的。一个地方发生的情况怎么可能同时影响到远在天边的另一个地方的状况？约翰·贝尔却能够超越爱因斯坦的直觉，建立一个伟大的定理，从而引出一系列物理实验，使量子纠缠终于被确立为真实的现象。贝尔原本是支持爱因斯坦的定域性观点的，但他要借实验来证明这个观点究竟是对是错。

约翰·贝尔1990年因脑出血突然去世，享年62岁。他的死是物理学界的一个重大损失。贝尔在他最后的日子里仍然积极从事研究工作，不断地撰写论文，开课讲学，探讨量子力学、EPR假想实验以及他自己的定理。三十多年来，贝尔定理一直受到物理学界的关注；事实上，今天的物理学家们仍在不断思考贝尔定理对时空本质以及量子基本原理的深刻启示。关于贝尔定理的种种实验几乎无一例外地提供了无可辩驳的证据，表明量子论是正确的，量子纠缠和非定域性都是真实存在的。

第十四章

克劳瑟、霍恩、西摩尼的梦

"测量问题和非定域性问题困扰着我们对量子力学的理解……我觉得这两个问题似乎相生相成，不可能被孤立地解决，因此必须在时空理论和量子力学之间做出重大调整。"

——阿伯纳·西摩尼

阿伯纳·西摩尼出身于犹太教士家庭。他的祖先在耶路撒冷生活繁衍了许多世代，这在犹太人当中是很少见的。他的曾祖父曾是耶路撒冷的法定屠宰总监（shochet）。西摩尼1928年出生在俄亥俄州的哥伦布，后来在田纳西州的孟菲斯长大。西摩尼很小的时候就表现出极其旺盛的求知欲。1944年至1948年间，西摩尼在耶鲁大学学习哲学和数学，取得了学士学位。他广泛阅读哲学著作，包括艾尔弗雷德·诺思·怀特海（Alfred North Whitehead）、查尔斯·皮尔士（Charles S.Peirce）、科特·哥德尔（Kurt Gödel）等人的著述。在耶鲁大学期间，他对数学的基本原理也非常感兴趣。

毕业后，西摩尼到芝加哥大学继续深造，取得了哲学硕士学位，随后又到耶鲁大学攻读哲学，1953年取得了博士学位。在芝加哥大学，西摩尼跟鲁道夫·卡尔纳普（Rudolph Carnap）一起研究哲学。卡尔纳普是维也纳学派（the Vienna Circle，欧洲哲学精英团体）著名的核心人物。西摩尼在耶鲁大学撰写关于归纳逻辑的博士论文时，卡尔纳普还成为他的非正式导师。西摩尼对数理逻辑和理论物理非常感兴趣，但同时又自称是“玄学家”（metaphysician），这一点令卡尔纳普大惑不解。西摩尼选择的研究领域是对的。短短几年之内，他就迷上了量子纠缠的形而上学的意义，将其定为自己毕生的追求，后来终于在物理学和哲学两方面都做出了重大的贡献。

在普林斯顿，西摩尼又认识了一位跟维也纳学界联系密切的哲学家——大名鼎鼎的科特·哥德尔。哥德尔创立了不完备性定理（incompleteness theorem），还证明了连续统假设（the continuum hypothesis）中非常困难的问题，其非凡的才智令西摩尼钦佩不已。没过多久，西摩尼断定自己对数学基本原理并不是非常有兴趣，于是将注意力转到了物理和哲学方面。他对物理学的哲学基础产生了浓厚的兴趣，因此研究了物理学，并于1962年取得了博士学位。他的博士论文研究的是统计力学问题。西摩尼对量子论相当着迷，他对量子论的思考深受尤金·维格纳和约翰·阿奇博尔德·惠勒的影响。

西摩尼一向都努力地将他对哲学和物理学两方面的兴趣小心地结合在一起。他着眼于基本概念，用数学和哲学的眼光来审视物理学，从而形成了他自己独特的视角，对整个物理学及其在人类研究活动中的地位都有独到的见解。1960年，在他取得第二个博士学位之前，西摩尼加入了麻省理工学院的哲学系，讲授量子力学哲学课程。他在这个领域开始崭露头角，获得普林斯顿大学的博士学位后，他转投波士顿大学，接受了一个由物理系和哲学系联合聘用的教职。

在西摩尼看来，他的职业道路并不尽如人意——从麻省理工学院这样一所声望极高的大学起步，拿到了终身教职，然后却转去一间知名度较低的学校，接受了非终身的教职（虽然他很快也得到了终身教职）。西摩尼这样做，是因为他要追随自己的梦想。固然，麻省理工学院的物理系一直以来都是第一流的专业基地，从这里出身的诺贝尔物理学奖得主实不在少数。但西摩尼的研究是属于哲学系的，他很想同时从事物理学和哲学方面的教学和研究工作。所以他放弃了麻省理工学院的终身教职，接受了波士顿大学物理系和哲学系合聘的教职。这个新的职位使他得以从事自己感兴趣的研究。我们今天对复杂的量子纠缠现象的理解，无论在物理学方面还是在哲学方面，很大程度上要归功于西摩尼此番的职位变动。

1963 年，西摩尼完成了一篇关于量子力学测量程序的重要论文。一年后，约翰·贝尔完成了他那篇石破天惊的论文，从根本上质疑了我们对世界的认识。

西摩尼第一次接触“纠缠”的概念是在 1957 年。当时他在普林斯顿大学的新导师阿瑟·惠特曼（Arthur Wightman）给了他一份 EPR 论文，让他找出 EPR 观点中的错误，作为一项练习。西摩尼研究了 EPR 论文，却没有发现任何问题。几年之后，当约翰·贝尔的定理引起物理学界注意的时候，惠特曼才不得不同意：爱因斯坦并没有错。爱因斯坦推断量子力学不完备，是基于三个前提：（1）量子力学的某些统计学预测是正确的；（2）判断物理实在的充分条件；（3）定域性预设。爱因斯坦等人指出，如果我们认定发生在一个地点的状况不可能同时对与之相距甚远的另一个地点的状况产生影响，那么量子力学预测到的某些现象就会跟上述前提预设发生矛盾。一度被物理学界忽视的贝尔定理，将这种矛盾呈现了出来，并且使之（至少从理论上说）能够用物理的方法来验证。贝尔告诉我们，即便 EPR 的所有前提预设都正确、量子力学确实须引入隐变量才能完备，“定域”隐变量理论（EPR想要的就是这种理论）还是不可能完全符合量子力学的统计学预测。这种矛盾令最终的实验判决成为可能——至少理论上可行。这个想法在阿伯纳·西摩尼的心里逐渐成形了。

1968年的一天，阿伯纳·西摩尼在家门口遇见了迈克尔·霍恩（Michael A. Horne），他后来成为西摩尼担任波士顿大学物理系教授以后指导的第一个博士生。霍恩取得密西西比大学物理学学士学位后就去了波士顿大学，能够跟西摩尼做研究，他感到非常兴奋。

迈克尔·霍恩1943年生于密西西比州的格尔夫波特（Gulfport）。他读高中的时候，苏联发射了第一颗人造卫星Sputnik。这一事件深刻地影响了美国的科学发展，影响了美国人生活的很多方面，同时也决定了迈克尔·霍恩的人生道路。

美国不甘落后于苏联，赶忙召集了一个科学家顾问团，成立了自然科学研究委员会（the Physical Sciences Study Committee），在麻省理工学院举行会议，出谋划策，要使美国在科学方面（尤其是物理学）赶超苏联。计划的重点是使美国在精密科学的教育方面占据优势，其中一条建议是，由该委员会委托物理学家们撰写科学读物，以预备美国的学生将来学习物理等科学。迈克尔·霍恩在密西西比一家书店里找到了一本由该委员会赞助出版的书，兴奋不已，狼吞虎咽地读了下去。此书题目叫《新物理学》(*The New Physics*)，作者是哈佛大学的科学史家伯纳德·科恩（I. B. Cohen）。霍恩觉得这书写得极好，收获很大，于是以每册95美分的价钱订购了该系列的全套读物。自然科学研究委员会的计划显然非常成功，至少在迈克尔·霍恩身上是大获成功了：就凭他从那些书里看到的东西，他在高中一年级便下定决心要成为物理学家。进入密西西比大学后，他的专业就是物理学。

霍恩经常关注美国的几所比较重要的物理学研究中心，他的梦想是到那样的机构去攻读研究学位。还在密西西比大学读本科的时候，霍恩就读过马赫（Mach）的著名力学著作。该书英译本由多佛书局（Dover edition）出版，前言由波士顿大学物理学教授罗伯特·科恩（Robert Cohen）执笔。霍恩被这本书及其前言部分深深地吸引了，很想找机会认识罗伯特·科恩，于是他申请攻读波士顿大学的研究学位，还写信询问科恩教授是否还在学校。多年以后，迈克尔·霍恩成了著名的物理学基本原理的开创者，罗伯特·科恩这才告诉他，当年他写的那封信立了大功——科恩见信后非常高兴，向波士顿大学物理系的其他教授力荐霍恩，于是，1965 年霍恩被顺利录取了。

迈克尔·霍恩对物理学发生兴趣以后，很快就迷上了物理学基本原理。因此，他进波士顿大学做了两年研究以后，便开始跟查尔斯·威利斯（Charles Willis）教授做统计物理学方面的基础性研究。威利斯的研究兴趣在于从力学推导统计力学规则等问题。霍恩跟威利斯一起工作了一段时间以后，提出了一些问题，威利斯觉得波士顿大学的物理哲学教授阿伯纳·西摩尼对他会有帮助。于是威利斯让霍恩去见西摩尼。

西摩尼不久前刚收到朋友寄来的两篇约翰·贝尔的论文，他把这两篇论文给了霍恩。阿伯纳知道这两篇论文极其重要，但是尚未引起物理学界大多数人的注意。他发现眼前这个学生思维敏捷，且对量子论基本原理极有兴趣，便将论文递给霍恩，说："看看这两篇论文。我们能否把它们拓展一下，想出一个真正的实验来验证贝尔的观点。"霍恩回到家，开始琢磨那些晦涩艰深、许多物理学家都未注意到的理论。贝尔在论文中提出的问题非常有趣，他认为爱因斯坦对定域性的执著是有可能被实验驳倒的（虽然他本人似乎希望爱因斯坦能赢）。能不能设计出一个真实的实验，验证到底是爱因斯坦的定域实在论正确，还是包含非定域性的量子力学正确呢？这种实验在物理学上的价值是难以估量的。

约翰·克劳瑟（John F. Clauser）1942年生于加利福尼亚，他的父亲、叔叔以及其他一些家庭成员都上过加州理工大学，取得了该校的学位。约翰的父亲：弗兰西斯·克劳瑟，是加州理工大学的物理学博士，因此他们家里经常探讨高深的物理问题。从约翰读高中的时候起，家里开始出现关于物理问题的讨论，量子力学的意义和奥秘是常见的话题，约翰身处其中，颇受浸染。他的父亲经常告诫他不要轻易接受别人的观点，要用实验数据说话。这个原则成为约翰·克劳瑟科学生涯的指南。

克劳瑟进了加州理工大学，攻读物理，还提出许多问题。著名的美国物理学家理查德·费曼（Richard Fynman）在加州理工大学物理系任教，他的生平事迹在校园里脍炙人口，克劳瑟深受其影响。克劳瑟是在费曼的课堂上第一次严谨地学习量子力学，后来费曼的讲义被整理成书，就是著名的《费曼物理学讲义》，其中第三卷专论量子力学，费曼在卷首说：杨氏双缝实验的结果蕴含了量子力学最本质的奥秘，也是量子力学的全部奥秘之所在。

克劳瑟很快就抓住了量子力学基本原理中的关键问题，几年后，他决定用实验测试贝尔不等式和EPR佯谬，还把这个想法告诉了过去的老师费曼。据他自己描述，“费曼把我从办公室扔了出去”。

20世纪60年代末，克劳瑟从加州理工大学毕业后，到哥伦比亚大学攻读实验物理学研究学位，师从帕特里克·塞迪斯（Patrick Thaddeus），研究微波背景辐射的问题，这个课题后来被宇宙学家用于证明大爆炸理论。虽然克劳瑟研究的课题非常重要，但他更感兴趣的是另一个物理学领域：量子论的基本原理。

1967年，克劳瑟在戈达德太空研究所（Goddard Institute for Space Studies）翻阅一些艰涩的物理学杂志，无意中找到了一篇有趣的论文，作者是约翰·贝尔。克劳瑟读完这篇论文，马上意识到：贝尔的论文可能会给量子论基本原理带来重大的启示。这一点当时其他物理学家还没有注意到。贝尔重拾EPR佯谬，将其中的本质问题呈现出来。不仅如此，贝尔定理还明明白白地指出可以用实验来验证量子力学的根本问题。因为克劳瑟非常熟悉戴维·波姆的研究及其1957年对EPR问题的进一步阐述，也很了解德布罗意的研究，所以贝尔定理并没有让他感到过于惊讶。不过，由于克劳瑟从小就养成了质疑的习惯，他还是花费了不少时间去寻找反例，试图驳倒贝尔这条重要的定理。经过几个星期的努力，克劳瑟终于满意地承认贝尔定理没有问题；贝尔的论证是正确的。现在，可以利用贝尔定理来验证量子世界的基本原理了。

贝尔的论文中只有一个问题是克劳瑟尚未弄清的，就是如何用实验来验证贝尔预测的结果；于是克劳瑟决定翻遍物理学文献，寻找贝尔可能忽略了的实验，希望得到一些启示。克劳瑟只找到了一个实验，就是1949年吴健雄和萨克诺夫的电子偶素实验（一个负电子和一个正电子互相湮灭生成两个高能光子），但它并不能充分说明相关性的问题。贝尔也没有在论文中告诉实验物理学家该如何做这样的实验。因为他是个纯粹的理论家，所以他就像所有的理论家一样，想象出一个理想实验——使用理想的实验仪器，生成理想的相关粒子对，而这些条件在真实的实验室里并不具备。现在应当有一个既了解理论物理学又精通实验物理学的人接过贝尔留下的问题，设计出一个真实的实验。

克劳瑟到哥伦比亚大学去见了“吴夫人”(吴健雄)，请教她当年的电子偶素实验。波姆和阿哈朗诺夫在1957年的论文中指出，这种实验条件下生成的两个光子是会发生纠缠的。克劳瑟问吴夫人是否测量过该实验所生成的两个光子的相关性，吴夫人说没有。克劳瑟认为如果吴夫人做过这项测量，他就可以从她的实验结果中取得有用的数据，以验证贝尔不等式（吴健雄不可能测量到相关性的数据，因为在电子偶素湮灭过程中生成的高能光子并不能显示验证贝尔不等式所需要的成对偏振相关性［pair-by-pair polarization correlation］，这一点很快将由霍恩和西摩尼以及克劳瑟各自独立发现）。吴健雄让克劳瑟跟她的研究生连·卡斯蒂（Len Kasday）谈一谈，卡斯蒂20年前就在重复吴健雄的电子偶素实验。卡斯蒂和吴健雄跟乌尔曼（J. Ullman）合作，完成了新实验，终于测出了相关度，并应用于验证贝尔不等式。实验结果发表于1975年，日后被用来证明量子力学的正确性；不过，为了测量相关度，卡斯蒂和吴健雄不得不借助一些重要的辅助性预设，而这些预设是他们无法验证的，也因此削弱了他们的实验成果。这些都是后话。而眼下，克劳瑟知道吴健雄和萨克诺夫的实验结果是无法验证贝尔不等式的，他必须找到新的方法。

克劳瑟孤军奋战，不断地探索，几乎忘记了自己博士研究的课题是微波背景辐射。他身边的物理学者们的反应都很冷淡，他所接触过的人似乎都认为贝尔不等式并不值得用实验来验证。这些人要么觉得这类实验是不会有结果的，要么认为玻尔早在30年前就赢了爱因斯坦，尘埃落定，再想把爱因斯坦的反对和玻尔的回应调和起来纯属浪费时间。然而克劳瑟坚持己见。他回顾了当年吴健雄和萨克诺夫的实验结果，得出一个结论：要想用贝尔定理所提出的方法来验证量子力学和隐变量理论孰对孰错，单凭这些实验结果是不够的，还需要一些别的东西。他不停地寻找出路，终于在 1969 年有了突破，于是他给一个物理学研讨会寄去了论文摘要，讨论的题目是验证贝尔不等式的实验可以如何设计。克劳瑟的论文摘要发表在 1969 年春美国物理学会华盛顿会议的《快报》上。

回到波士顿，在 1968 年末和 1969 年初，阿伯纳·西摩尼和迈克尔·霍恩花费了大量时间，一步步地设计着他们的实验。他们认为这将成为物理学家们做过的最重要的实验之一。他们采用的方法跟纽约的克劳瑟的想法非常接近。霍恩回忆道："阿伯纳把任务交给我以后，我做的第一件事就是去看吴健雄和萨克诺夫的实验结果。"霍恩知道吴健雄和萨克诺夫的电子偶素湮灭实验跟贝尔定理是有一定关系的，因为实验中由正负电子互相湮灭而产生的两个光子必定发生纠缠。问题是，这两个光子的能量非常之高，因此它们的偏振比可见光的偏振更难测量。为了显示偏振相关性，吴健雄和萨克诺夫便离开电子的成对光子发生散射（即所谓"康普顿散射"，Comptom scattering）。根据量子力学公式，两个光子的偏振方向之间的相关性会因康普顿效应而发生轻微的转变，变成散射粒子的空间运动方向之间的相关性。霍恩担心这种转变从统计学上看实在太过微小，因而无法用于说明贝尔试验的问题。克劳瑟的看法也是这样。为了证明该实验结果不可用，霍恩建立了一个直观的隐变量数学模型，此模型完全符合 EPR 的定域性和实在性要求，而且还能准确地再现量子论所预见的成对光子的康普顿散射（joint Comptom scattering)。

这样，吴健雄和萨克诺夫的实验结果——连同将来改良后的康普顿散射实验结果——便不能再用于区分两种结论：定域隐变量（爱因斯坦的理论）和量子力学。必须设计一种全新的实验。

霍恩让西摩尼看了他建立的直观定域隐变量模型，两人都断定实验必须使用可见光子。偏光片、方解石棱镜（calcite prism）等光学装置可用于分析可见光光子的偏振方向。实验设计如下图所示：

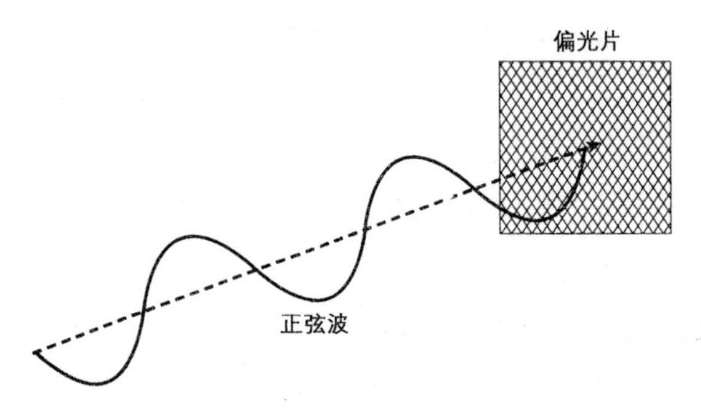

西摩尼向许多实验物理学家请教了这类实验的做法，终于先后通过普林斯顿大学的老同学约瑟夫·斯奈德（Joseph Snider）以及从哈佛大学了解到，伯克利大学的卡尔·科歇尔（Carl Kocher）和尤金·康明斯（Eugene Commins）已经做过他要找的这种相关性光学实验。阿伯纳和霍恩很快就发现，科歇尔-康明斯实验中仅用了0度和90度的偏振角——他们的实验结果也不能用来验证贝尔不等式，因为只有介于0度和90度之间的偏振角才能用来判定最终结论。从技术角度看，为了实施这个高度精密的实验，以判断贝尔定理所给出的两种选择（量子力学和隐变量）的正误，实验必须在大量不同的偏振角度下进行测量。请看下图：

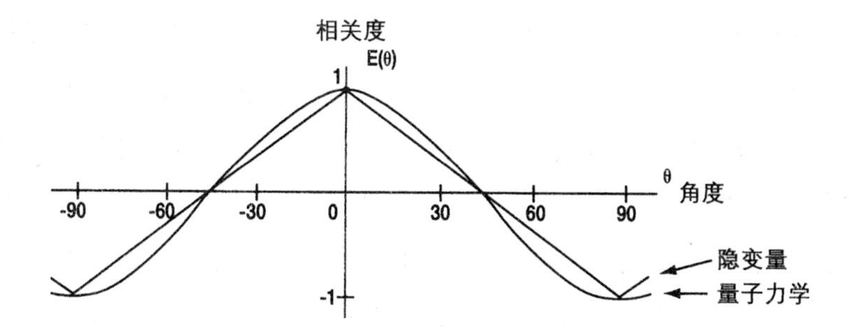

从上图可以看出，量子论和隐变量论之间的差别非常微小。研究者只有精确地测量成对光子在不同偏振角度下的相关性，才能判断哪一种理论是正确的。霍恩和阿伯纳一起研究如何设计这样一个真实的实验，使之符合所有的要求，并能产生有效的结果，以最终在贝尔定理给出的两种选择之间做出判断：是爱因斯坦对，还是量子力学对。

他们迅速设计出一个科歇尔–康明斯实验的改良版，用这种实验，物理学家就可以在理想的状况下测试贝尔不等式了。实验员所要做的就是用适当的偏振轴测量一对纠缠光子中每一个光子的偏振角度，科歇尔和康明斯用过的 0 度角和 90 度角应该除外。这里有一个问题：最理想的情况是成对的光子以 180 度角向相反方向飞出，但现实中很难找到这样理想的光子对。因此，接下来，霍恩和西摩尼放宽了这个严格得不现实的预设条件，允许使用以非 180 度角飞出的光子对。不过，这样一来，分析实验结果所需的计算就会复杂得多。霍恩得到了理查德 · 霍尔特（Richard Holt）的帮助，终于算出了这个真实实验中量子力学所预测到的偏振相关度。霍尔特是哈佛大学教授弗兰克 · 皮普肯（Frank Pipkin）的学生，对霍恩的实验很感兴趣。有趣的是，这些计算结果跟两年后阿伯纳 · 西摩尼用量子力学计算角动量相加的结果是吻合的。

西摩尼向我描述他和霍恩共同撰写的那篇论文时说："这显然是我最好的一篇物理学论文。"该论文探讨了他们设计的实验，以及如何用真实的实验数据来检验贝尔不等式，以揭示自然界的运作究竟是符合定域隐变量理论，还是符合量子力学规则。他们的实验将利用贝尔的神奇定理来对以下两种可能性做出取舍：（1）量子论不完备——爱因斯坦的断言；（2）量子论是完备的——玻尔的观点。该实验在判断量子论正确与否的同时，也将揭示那种令爱因斯坦恐惧的"诡异的远距离作用"（也就是非定域的量子纠缠）能否存在。西摩尼和霍恩并不知道，他们俩当时的想法已经跟另外一位物理学家——约翰·克劳瑟——的想法发生了纠缠，而克劳瑟就在两百英里（321.8 千米）以外研究着同样的问题。

霍恩和西摩尼在准备实验的过程中，咨询了许多专家。西摩尼说："谁见到我们都怕了。"他们向实验专家请教测试贝尔定理的各种技巧。他们必须找到一种设备，用于生成成对的低能量纠缠光子。他们必须测定光子的偏振角度，必须计算出量子力学所预言的偏振相关度，最后才能说明计算出来的相关度违背了贝尔不等式。经过数月的艰苦努力，他们终于研究出实验方案，论文也基本定稿了。他们希望能在春季的美国物理学会华盛顿会议上宣读这篇论文，却可惜错过了提交论文的最后期限。西摩尼说："我当时想：这有什么关系？谁还会去研究这种艰涩的问题？于是我们放弃了那次会议，准备直接把论文投给《物理学》期刊。后来我收到了会议论文集，得知了一个坏消息：竟然有人想法跟我们完全相同。"此人正是约翰·克劳瑟。

一个星期六的清早，西摩尼给霍恩打电话说："我们让人抢了先。"星期一，两人在波士顿大学物理系碰了头，征求其他同事的意见："我们该怎么办？——有人做了和我们一样的研究……"大多数人回答说："就当不知道，只管把论文寄给杂志社。"可是他们俩觉得这样做不对。最后，西摩尼决定给在普林斯顿大学的前导师、诺贝尔奖得主尤金·维格纳打电话商议此事。维格纳的建议是："给那人打电话，直接跟他谈。"西摩尼照办了，他给纽约的约翰·克劳瑟打了电话。

虽说这种做法直截了当，诚实坦荡，却也可能引来不愉快的后果。科学家们多是各据一方，坚守自己的研究领土，唯恐他人进犯。克劳瑟已经发表了论文提要，跟霍恩及西摩尼辛苦经营的结果如此接近，他也许不会欢迎别人涉足同一个研究课题。

很多人在这种情况下可能会说："这是我的研究课题——你们晚了一步！"随即挂断电话。约翰·克劳瑟却没有这样做。阿伯纳和霍恩十分惊讶，克劳瑟的反应是积极的。霍恩回忆起那个重要时刻，说："他听说我们也在研究同一个问题，非常吃惊，因为那个问题似乎没有人关注。"

其实，西摩尼和霍恩联系克劳瑟的时候，手里还有一件秘密武器，这使得克劳瑟更加愿意与他们合作。他们已经找好了一位物理学家，准备在他的实验室里进行实验。这位物理学家就是理查德·霍尔特，当时在哈佛大学。在一个几乎无人问津的研究领域找到两位同道中人，克劳瑟由衷感到高兴，再加上他得知两人已准备启动实验，自然更想参与其中。另外，克劳瑟设计的实验中用到了一个理想化的条件——要求光子对以180度角反向飞出；霍恩和西摩尼起初也是这样设计，但在跟霍尔特合作的过程中渐渐取消了这一限制。

约翰·克劳瑟若是孤军奋战，就有可能要独自摸索实验方法。

现在有了迈克尔·霍恩、阿伯纳·西摩尼以及理查德·霍尔特，就万事齐备了。他一分钟也不用多想。就这样，他跟他们一起投入了这项研究。

于是，四人小组——西摩尼、霍恩、克劳瑟、霍尔特——开始了合作研究，成果非常卓著。在很短的时间里，他们就完成了一篇开创性的论文，详细描述了如何用一个改进了的实验来回答贝尔留下的问题：究竟是爱因斯坦的定域实在观正确呢，还是包含着非定域纠缠态的量子力学正确？

克劳瑟-霍恩-西摩尼-霍尔特（CHSH）论文发表于1969年的《物理评论快报》。该文在贝尔不等式的基础上实现了重大的理论突破。贝尔假设存在可以决定测量结果的定域隐变量，同时还借用了量子力学所设定的一条规则：同一个可观察量在两个成对相关粒子上的测量结果必定是完全相关的。这条规定在贝尔不等式的推导过程中至关重要。克劳瑟、霍恩、西摩尼、霍尔特取消了贝尔的限制性预设，从而改良了他的不等式。论文的其余部分提出要对卡尔·科歇尔和尤金·康明斯早先在伯克利做过的一项实验进行扩展。1966年的科歇尔-康明斯实验生成了一对光子，并且测量了这两个光子偏振方向之间的相关度，但当时还不知道有贝尔不等式。

科歇尔和康明斯是用原子级联（atomic cascade）的方法生成相关光子对的，CHSH认为这种方法可取，在他们自己的实验中同样采用。一个原子被激发后，若其能量衰减两个能级，便会释放出两个光子，这两个光子是互相纠缠的。光子源是从热烤炉发射出来的一束钙原子。该波束中的钙原子受到强紫外线轰击，其中的电子被激发到一个更高的能级，当它们的能量再度回落时，便会释放出成对的相关光子。这个过程便是所谓的原子级联，因为在此过程中，电子从一个高能量级，衰变到一个较低的能级，最后落入一个更低的能级，每降低一个能级，就会释放一个光子。由于初始能级和最终能级的角动量总和皆为零，而角动量又是守恒的，所以被释放的光子对的角动量亦为零，两个成对光子之间是高度对称的，其偏振相关度也非常之高。这种原子级联可以表示如下：

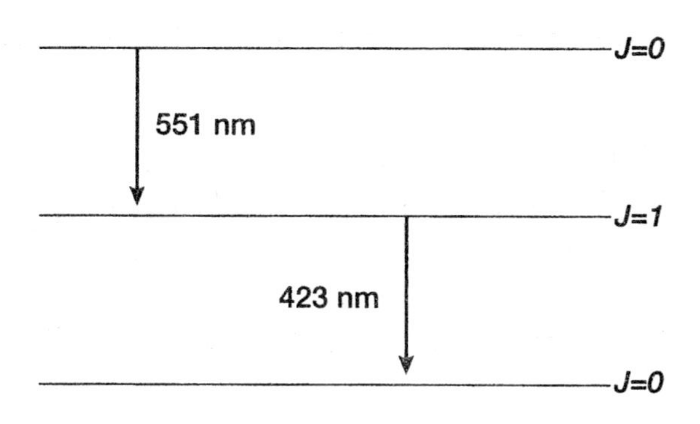

CHSH 论文末了的一条注释里提到，该论文是对约翰·克劳瑟在美国物理学会 1969 年春季会议上所发表论文的拓展。就这样，一场竞争化成了伟大的合作，四位物理学家的生命紧紧“纠缠”在一起。多年以后，约翰·克劳瑟回忆说：“在写这篇论文的过程中，阿伯纳、迈克尔和我建立了持久的友谊，后来又有过很多合作。”

克劳瑟取得哥伦比亚大学的博士学位后，到加州大学伯克利分校做博士后研究，跟著名物理学家查尔斯·汤斯（Charles Townes）共事；汤斯曾获诺贝尔奖，是激光的发明者之一。克劳瑟的博士后研究课题属于射电天文学领域。但是，他的主要研究兴趣还跟从前一样，在于量子力学的基本原理。现在，他在贝尔不等式验证方法上已取得了突破，CHSH 论文又大获成功，他对其他领域的课题更加失去了耐心。克劳瑟只等着真正动手实施他们的实验了。CHSH 论文就是这个历史性实验的蓝图。幸运的是，尤金·康明斯当时还在伯克利分校。于是克劳瑟找到查尔斯·汤斯，问能否允许他暂时把射电天文学研究放一放，先做CHSH实验。没想到，汤斯同意了，甚至还建议他用一半的时间去做CHSH实验。尤金·康明斯也很乐意合作，因为CHSH实验是由他从前跟科歇尔合作的一项实验的基础上发展出来的。他提出让自己的研究生斯图亚特·弗里德曼（Stuart Freedman）帮助克劳瑟做这项实验。而波士顿那一头，西摩尼和霍恩也在全力支持他。

克劳瑟和弗里德曼开始准备实验装置。克劳瑟不断催促弗里德曼要更快更努力，因为他知道在哈佛大学，CHSH的作者之一理查德·霍尔特也在准备实验。弗里德曼是一个25岁的研究生，对量子力学基本原理没有多少兴趣，不过他觉得这个实验很有趣。克劳瑟不顾一切地要完成实验；他知道哈佛的霍尔特和皮普肯在紧追不舍，他想第一个验证量子论究竟正确与否。他在心里暗暗打赌，认为爱因斯坦的隐变量理论很可能是对的，而量子力学很可能会在光子纠缠问题上土崩瓦解。

早先，克劳瑟还在独自设计实验的时候，就给贝尔、波姆、德布罗意写过信，询问他们是否听说过类似的实验，以及这类实验是否重要。几位大物理学家回信都说没有见过同类实验，并且认为克劳瑟的实验方案值得一试。约翰·贝尔的反应尤为热烈——这毕竟是头一回有人来信关注他那篇论文和他的定理。贝尔写信对克劳瑟说：[28]

“考虑到量子力学总体上的成功，我不敢怀疑此类实验的结果。不过，我还是很希望有人做一做这些实验，把结果记录下来，从而直接地验证一些关键的概念。再说，出现意想不到的结果也不是没有可能，那可是要震惊世界的！”

我们后面会看到，甚至还有一种复杂的“纠缠交换”现象（entanglement swapping），其中的两个纠缠粒子会跟其他粒子发生交换。可以说，1969年在美国上演的这出科学大戏中，人物之间恰恰发生了这种“纠缠交换”。西摩尼、霍恩跟霍尔特发生了纠缠，霍尔特将会按照他们的详细指示去做实验。他们了解到克劳瑟自己做的研究时，便拿出了霍尔特将要做此实验的事实，结果克劳瑟也跟他们发生了纠缠。他们四人写出了具有开创性的CHSH论文，提出了一个重要的实验方案，接着理查德·霍尔特从这种“纠缠”当中脱离出来，继续做他自己的实验。也许正因此事，许多年后，克劳瑟回忆他们之间的关系时，只提到霍恩和西摩尼，而没有提霍尔特。

实验的准备工作一步步地进行着。贝尔的热情，以及来自克劳瑟在波士顿结识的新朋友的支持与合作，都激励他不断地探索。实验结果究竟是会违背贝尔不等式、证明量子论是正确的，还是会显示爱因斯坦等人的定域实在观是赢家？克劳瑟认为爱因斯坦的定域实在观是对的，他跟以色列海法技术工程学院的亚克·阿哈朗诺夫（Yakir Aharonov）打了个赌，以二比一的赔率赌量子论输。西摩尼则是心平气和，听凭实验来显示结论。霍恩认为量子力学会赢，因为量子论在过去一向是那么成功：无论情况如何变化，它总能极其准确地预测结果，从未失手过。

克劳瑟和弗里德曼建成了一个光子源，其中的钙原子被激发到高能量态。一般情况下，钙原子中的电子衰变回到其正常能级时，只释放一个光子；但在比较罕见的情况下，也会释放出两个光子：一个绿色光子，一个紫色光子。这样产生的绿色光子和紫色光子是相关的。克劳瑟和弗里德曼的实验设计如下图所示——由原子级联生成的光子对被引向设置在不同角度的偏光镜 P_1 和 P_2，接着穿过偏光镜的光子被一对探测器 D_1 和 D_2 侦测到，最后由一个符合计数器（coincidence counter）CC 记录结果：

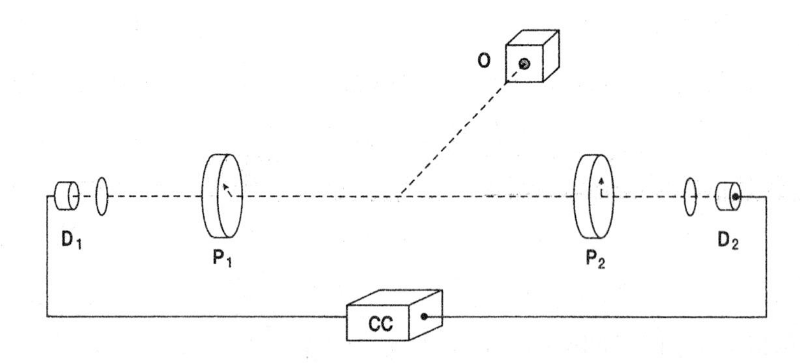

该实验中使用的光信号很弱，还有很多杂散级联（spurious cascades）产生非相关的光子。实际上，每一百万对光子中只有一对能被符合计数器侦测到。后来，这一缺陷被称为“侦测漏洞”（detection loophole），而且这个问题是必须解决的。由于记数率太低，克劳瑟和弗里德曼用了两百多个小时进行这项实验，才得到一个有用的结果。但他们的最终实验结果有力地支持了量子论，否定了爱因斯坦的定域实在观和隐变量理论。克劳瑟–弗里德曼实验结果令人非常满意，意义非常重大。量子力学以超过 5 个标准方差的优势战胜了隐变量理论。也就是说，贝尔不等式中 S 的测量值完全符合量子力学的预测，以 5 倍于实验数据标准方差的量超出了贝尔不等式所规定的上限 2。

克劳瑟–弗里德曼实验最先用确切的数据证明了量子力学本质上是非定域性的。爱因斯坦的实在观死了——量子力学中并不存在所谓的“隐变量”。弗里德曼的博士论文就是写的这一实验。克劳瑟和弗里德曼 1972 年发表了实验结果，如下列图表所示：

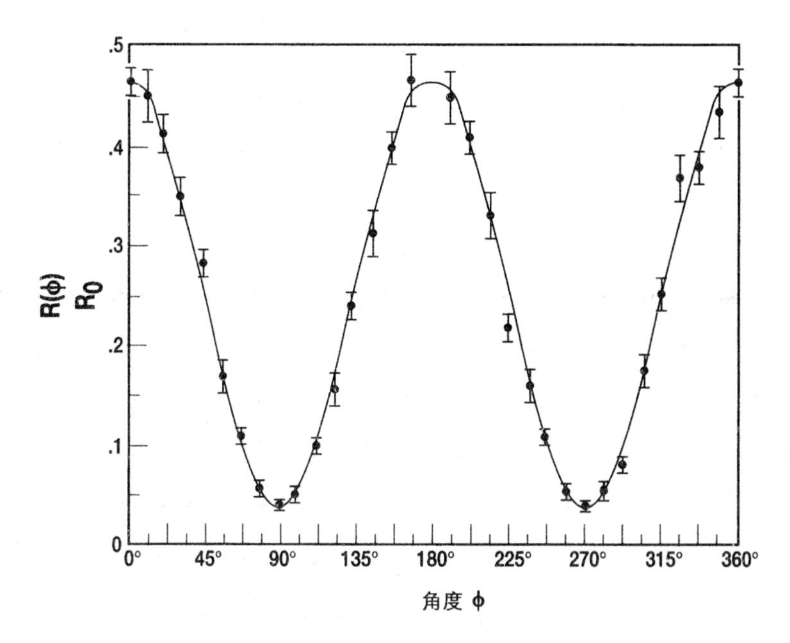

克劳瑟-弗里德曼实验也遗留了一些问题。特别是，为了得到纠缠光子对，这个实验设置生成了大量未被观察的光子。另外，实验所用的探测器功效也十分有限。因此，探测器的有限功效和大量未被观测的光子对实验结论的影响究竟有多大，就成为一个重大问题。克劳瑟和弗里德曼的贡献是伟大的——他们找到了支持量子力学，反对隐变量理论的最好证据。他们是用当时最先进的技术取得实验结果的，但是这种技术还不完善。可叹的是，克劳瑟当时正好是在激光的发明者汤斯的手下做博士后研究，却没能在实验中使用激光技术，因为尚且无人知道该如何使用激光。要不然，克劳瑟和弗里德曼就可借助激光更快地得到纠缠光子对了。

与此同时，哈佛大学的霍尔特和皮普肯也获得了实验结果。但是他们的实验结果却是符合爱因斯坦的定域实在观和隐变量理论，违背量子论。由于霍尔特和皮普肯都信仰量子论，他们决定不发表实验结果，等待伯克利的实验小组发表结论。

霍尔特和皮普肯在哈佛大学所做的实验，使用了汞的同位素（汞 200），它受到电子流的撞击时也会发生类似的级联现象。霍尔特和皮普肯的实验用了 150 小时，因为他们同样受到许多杂散光子的干扰。看到克劳瑟–弗里德曼实验的结果后，霍尔特和皮普肯决定不把自己的相反的结果发表在期刊上。1973 年，他们将自己的实验结果重印出来，与别的物理学家私下交流。后来，其他物理学家也通过实验得出了支持量子力学的结论，霍尔特和皮普肯方才断定他们自己的实验是犯了某种根本性的错误。

约翰·克劳瑟虽然不再跟著名的查尔斯·汤斯一起研究射电天文学了，他还是在伯克利留了下来，加入了霍华德·舒加特（Howard Shugart）带领的原子束研究小组。这样他便可以继续搞自己的研究。克劳瑟一向对实验非常谨慎，他决定重新检视其竞争对手的实验结果，并且重复他们的实验。他们实验得出的相反的结论令他大惑不解，他想找到其中的原因。他对霍尔特和皮普肯的实验设置只做了一点小小的改动，即用汞的另外一种同位素（汞 202）来产生原子级联。他的实验结果发表于 1976 年，仍然是符合量子力学，违背定域隐变量理论的。

同年，德州农工大学（Texas A & M University）的埃德·S. 弗莱（Ed S. Fry）和兰道尔·C. 汤普森（Randal C. Thompson）用汞 200 做了一次实验，但他们的实验设计有很大的改进。因为弗莱和汤普森是用激光来激发原子的，所以他们的光信号要比此前同类实验中用到的光信号强几个等级。弗莱和汤普森仅用了 80 分钟便得到了实验结果。他们的实验结果支持量子力学，违背隐变量假设。

1978 年，阿伯纳·西摩尼在瑞士的日内瓦大学工作。这一年，西摩尼和约翰·克劳瑟一起完成了一篇关于量子纠缠的论文，两人是在越洋长途电话上提炼观点的，该文纵览了有关这种奇异现象的一切知识，深入探讨了纠缠现象得到最终确认以前的所有实验结果。除了前述的几次实验外，还提到了 20 世纪 70 年代的三个研究小组，他们也进行了验证贝尔不等式的实验。

一个是意大利卡塔尼亚大学以法拉奇（G. Faraci）为首的实验小组，他们的实验结果发表于 1974 年，实验中使用了电子偶素湮灭时产生的高能光子（伽马射线）。霍恩–西摩尼和克劳瑟此前都决定不用电子偶素湮灭产生的光子对来做贝尔试验，但卡塔尼亚小组利用了一个附加的技术性预设条件（类似于卡斯蒂、乌尔曼、吴健雄三人的实验预设），从而确保实验数据有效。正因为预设条件尚存疑问，相比同类而言，他们的实验结果算是被忽略了。

另外一个实验小组由哥伦比亚大学的卡斯蒂、乌尔曼、吴健雄三人组成，他们的实验结果发表于 1975 年，同样使用了电子偶素湮灭生成的光子。1976 年，萨克雷原子能研究中心（Saclay Nuclear Research Center）的 M. Lamehi-Rachti 和 W. Mittig 用单态相关光子对进行实验。以上两个小组的实验结果都同时符合了量子论又违背了隐变量理论。

量子论的正确性得到成功验证之后，其他的理论问题也取得了进展。这在科学界是很常见的：理论先发展了，实验也不会落后太远；若实验跑到前头，解释实验结果的理论也会紧随其后，当一方跑在前面，另一方不会落得太远。一旦后者赶上来，它会强化前者。贝尔、克劳瑟和霍恩增强了对爱因斯坦定域实在性的理论的质疑。他们用随机的隐变量理论，而不是确定的隐变量理论，证明出一个可验证的不等式。物理学基本原理上的这些理论和实验的并行发展，都围绕贝尔的重要定理展开，贝尔也无可避免地融入了这场讨论。克劳瑟、霍恩、西摩尼在此后一年之中不断地跟约翰·贝尔交换意见，探讨不等式的问题。

20世纪70年代进行的多次实验中，除了霍尔特–皮普肯的实验外，都成功地证明了量子论的正确性。接下来，将会有一位科学家，在地球的另一面，为贝尔不等式做出更有力的验证。他将要运用激光技术和改良的实验设计，消除以往实验中的一个重大漏洞，从而更完备地证实宇宙具有神秘的非定域性。

要彻底验证爱因斯坦的主张和量子力学谁对谁错，科学家还得说明实验室两端的检偏分析器（polarization analyzer）收到的信号可能发生交换，尽管这种现象是那么匪夷所思，不合情理。这一问题，就留待阿莱恩·阿斯派克特（Alain Aspect）来解决了。

西摩尼做过一个梦，梦里他听了阿莱恩·阿斯派克特做的一场讲座：阿斯派克特问，有没有一种算法——一种机械的决定程序——可以用来决定两个粒子是否处于发生纠缠。西摩尼将这个问题交给了量子力学可计算性的专家维纳·迈尔沃德（Wayne Myrvold），当时迈尔沃德的博士论文刚刚被波士顿大学哲学系接受。两周后，迈尔沃德解决了这一问题。他的答案是：从数学上讲，阿斯派克特在西摩尼梦里提到的算法是不可能存在的。

第十五章

阿莱恩·阿斯派克特

“玻尔从直觉上知道，如果仔细去想的话，爱因斯坦的观点是与量子力学相矛盾的。而贝尔定理则把这里面的矛盾具体地呈现了出来。”

——阿莱恩·阿斯派克特

阿莱恩·阿斯派克特（Alain Aspect）1947年出生在法国西南部的一个小村庄里，距波尔多（Bordeaux）和佩利哥（Perigord）不远，美食佳酿是这个地区的特色文化。直到今日，阿斯派克特仍然吃自制的美味肉酱（pâté），饮用当地出产的著名红葡萄酒以保持心脏健康。有一种现象人称“法国悖论”：法国人能够一面享受高脂高热的食物，一面还能靠经常饮用红葡萄酒保持心血管健康。阿莱恩说自己就是这悖论的现身说法。

阿莱恩从很小的时候起就对科学感兴趣，尤其喜爱物理和天文。他喜欢看星星，喜欢读儒勒·凡尔纳（Jules Verne）的作品，特别是《海底两万里》。他心里一直都相信自己会成为科学家。

阿莱恩到了入学年龄，就搬到离老家最近的小镇上去读书，中学毕业后，他又搬到一个更大一些的城市——波尔多——去报考法国最好的学校：高等专业学院（grandes écoles）。他考得成功，于是来到了世界名都、欧洲信息和学术的中心：巴黎。阿莱恩24岁便取得了研究学位，他称之为“小博士学位”，在继续攻读他的“大博士学位”之前，他志愿到非洲去做了几年社会工作。1971年，他飞赴喀麦隆。

在非洲的炎炎烈日下，阿莱恩勤勤恳恳地工作了三年，帮助人们在恶劣的环境中改善生活。他把业余时间全部用于研读一本当时最全最深的量子论教科书：Cohen-Tannoudji、Diu、Lalo ë 三人合著的《量子力学》。阿莱恩沉浸在这门描述微观世界的奇异的物理学中。他在攻读学位的时候曾经学习过量子力学，但是当时没有真正理解量子物理，因为他学的那几门课讲的都只是高等物理学中会用到的微分方程等数学方法。而现在，在非洲的中心，那些物理概念在这位年轻科学家心里才渐渐变得真实起来。阿斯派克特开始理解一些微观世界中随处可见的量子魔术，而在有关量子论的种种奇怪问题中，有一个问题特别吸引他的注意力，那就是爱因斯坦、波多斯基、罗森三人几十年前提出的悖论。阿斯派克特觉得这个老问题对他有着特殊的意义。

阿斯派克特读了约翰·贝尔的论文，当时贝尔还在日内瓦的欧洲原子能研究中心（CERN）工作，是位不起眼的物理学者。这篇论文对阿斯派克特影响很大，他决心要尽全力去研究贝尔定理所预示的未为人知的结论。这将引导他去探索自然界最深处的秘密。这一方面，阿莱恩·阿斯派克特跟阿伯纳·西摩尼非常相似。两人对量子理论都有一种深刻的领悟力，甚至可以说是与生俱来的直觉。他们身在大西洋的两岸，似乎都具备已故的约翰·贝尔的那种理解力，使他们能够把握住爱因斯坦无法领会的真理。

阿莱恩·阿斯派克特跟西摩尼一样，总是喜欢从概念或问题的根源入手进行研究。如果他想了解量子纠缠，他就会直接去读薛定谔的论著——而不是去看后来的物理学家对薛定谔的阐释。如果他想了解爱因斯坦对新兴量子论的批评，他便会查阅爱因斯坦本人发表于二三十年代的论文。可令人惊讶的是，西摩尼仅仅是在梦里看见阿斯派克特讲论量子力学，从中得到启示并发现了一个重大问题，他两人的生命从来没有真的发生过纠缠，他们的生命轨迹各行其道。阿伯纳·西摩尼激情四射，他对物理学的热忱总是四处传播，感染着身边的同行——霍恩、克劳瑟、格林伯格（Greenberger）、塞林格——激励他们取得更大的成就，做出更大的发现。阿斯派克特则不然。

从非洲回来后，阿莱恩·阿斯派克特在祖国全心投入对量子论的深透研究之中。而法国在当时恰恰就是世界上重要的物理研究中心，这个地位到今天依然不改。他置身于一群成就斐然的物理学精英之中，一方面可从他们那里学习，另一方面也可通过他们来证实自己的想法。他的博士论文答辩委员会成员的名单，简直就像法国科学名人录：A. Marechal，诺贝尔奖获得者 C. Cohen-Tannoudji，B. D'Espagnat，C. Imbert，F. Laloë。答辩委员会中唯一的非法国籍的成员就是约翰·贝尔了。

和大西洋彼岸的西摩尼一样，阿斯派克特比其他大多数物理学家更理解贝尔定理。他很快就领会到贝尔定理是值得注意的，因为它向物理学乃至爱因斯坦所理解的科学提出了很大的挑战。阿斯派克特认为，玻尔和爱因斯坦争论的核心问题就是爱因斯坦的一个信念：

“以下两个观点我们只能保留其一：（1）波函数的概率性描述是完备的；（2）两个空间上远远分离的物体的真实状态是相互独立的。”[29]

爱因斯坦在 1935 年的 EPR 论文中表达了这种观点；阿斯派克

特很快就明白到，约翰·贝尔的定理简洁而优雅地解决了爱因斯坦的问题。贝尔利用EPR推论，提出了一个检验爱因斯坦的假设的具体方案，可以通过实验来证明究竟是量子力学不完备，还是量子力学已经完备并且本身就应当带有鲜明的非定域性。

贝尔定理是一种一般性的定域理论，里面带有隐含的补充参数。该定理假设量子论是“不完备的”，而暂且保留爱因斯坦的定域观。于是，我们便可假定有一种办法可以使量子论对世界的描述变得完备，同时又能满足爱因斯坦的要求——发生在甲地的物理实在不能影响发生在乙地的物理实在，除非乙地收到甲地发出的信号（根据爱因斯坦自己的狭义相对论，两地间信号的传送速度不可能超过光速）。在这种情况下，使该理论变完备就意味着发现其中的隐变量，并描述这些隐变量是如何决定粒子或光子的行为的。爱因斯坦曾经猜想，相隔遥远的粒子之间的相互关联是由于它们的共同来源使它们带有一些定域的隐变量。这些隐变量就好像一张张指令表（instruction sheet）；粒子之间在没有直接关联的情况下，只要按照指令行动，就可以呈现出相关性。如果宇宙本质上是定域性的（也就是像爱因斯坦所认为的那样，不存在超光速通讯或超光速效应），那么使量子论完备所需要的信息必定是由某些预先设定好的隐变量来传达的。

约翰·贝尔已经证明了，任何的“隐变量理论”都无法复制出量子力学所预测到的所有结果，尤其是波姆版EPR实验中的量子纠缠。完备的量子论和定域隐变量理论之间不可调和的矛盾，通过贝尔不等式清晰地呈现出来。

阿莱恩·阿斯派克特明白了一个关键问题。他知道，量子力学自成立以来一直是非常有力的科学预测工具，几乎所向无敌。因此他认为，上面提到的那种矛盾，是与贝尔定理及随之产生的贝尔不等式所固有的，可以反其道而用之，驳倒所有的定域隐变量理论。所以，阿斯派克特动手设计他自己的实验之时，心里相信量子论会胜利，定域性将被推翻；约翰·克劳瑟则恰恰相反，他在实验前打赌量子论会输，而定域性会赢。阿斯派克特心想，如果他所设计的实验能够成功，非定域性将作为量子世界中一种真实的现象而被接受，量子论不完备的观点也会被彻底击败。不过，我们应当注意到，无论克劳瑟和阿斯派克特事前希望各自的实验产生什么样的结果，他们所设计的实验都没有掺杂任何人为的偏好，完全是让自然规律来说话。

阿斯派克特心里很清楚，贝尔定理虽然在六十年代中叶面世时几乎没有引起注意，但它已经成为探索量子论基本原理的重要工具。而且他知道加利福尼亚的克劳瑟做的实验，以及波士顿的西摩尼和霍恩的参与。他也知道还有好几个实验尚未得出结论。阿斯派克特日后在博士学位论文以及随之发表的论文中说，他当时已经意识到以前的那些实验装置是不好用的。实验设计上的任何缺陷都可能破坏实验结果，导致贝尔不等式和量子论预测之间的矛盾无法充分地展现出来。

物理学家们所要寻找的实验结果，在先前的实验中很难产生，因为量子纠缠本身就是一种难以人工生成、难以维持、难以有效测量的状态。要得到一种违背贝尔不等式，支持量子论预测的结果，实验设计必须非常谨慎。阿斯派克特的目标是发明一种高级的实验装置，他希望自己设计的实验能够尽可能地重现波姆版的EPR实验，并且能够测量出实验数据中的相关性，以证明量子力学预测的结果是违背贝尔不等式的。

阿斯派克特开始工作了。他亲手制作每一件设备，工作地点是在巴黎大学光学研究中心的地下室里，他可以使用那里的实验场地和仪器。他制作了专用的相关光子发生器，还亲自安排镜子、检偏镜、探测器的摆放角度。阿斯派克特仔细地考虑过 EPR 假想实验。波姆版的 EPR 实验中，待研究的现象比较简单，贝尔定理也是适用的：两个粒子的自旋或者偏振是相关的。而爱因斯坦版 EPR 实验中，用动量和位置两个可观察量的构想就复杂了许多，因为这两个量是连续统一体，不能直接使用贝尔定理。阿斯派克特思考了很久，终于得出结论：检验 EPR 问题的最佳方案就是使用光子，这一点跟此前做过的最成功的实验一样。

早先克劳瑟和弗里德曼，还有波士顿的西摩尼、霍恩以及霍尔特都想到了在实验中使用光子，测量相关光子对的偏振方向。阿斯派克特知道，美国在 1972 年至 1976 年间已进行过多次同类实验。最近的一次实验是由弗莱和汤普森完成的，他们用激光来激发原子，得出的结论是支持量子力学的。

阿斯派克特决定做一个系列的实验，其中包含有三个主要实验。第一个实验的设计是单通道的，目的是更精确而且更可靠地复制出以往实验的结果，他同样是利用钙原子级联辐射，使受激原子释放出相关光子对。接下来要进行的是双通道实验，克劳瑟和霍恩曾经提出过双通道实验构想，以求接近理想实验。如果只有一条通道，那么就会有一部分光子没能进入通道，它们没有进入通道的原因可能是以下两点之一：（1）它们射中了检偏镜，但由于偏振角度不对而没能通过检偏镜进入通道；（2）它们没有射中检偏镜，错过了通道入口。用两个通道，实验员就可以将注意力集中在被侦测到的粒子上——所有被侦测到的粒子必定都射中了入口处的检偏镜，并且必定能够进入一条通道。这种方法避免了侦测漏洞。最后，阿斯派克特还要做一个实验，该实验1957年由波姆和阿哈朗诺夫提出，约翰·贝尔也清楚地描述过。在这个实验中，检偏镜的方向将在光子飞出母原子之后才被设定。实验员在这种实验设置中要故意跟光子的行为唱反调。这么看吧，实验员说："假如一个光子或者它所射中的检偏镜会向另一个光子或其检偏镜发出信号，把检偏镜的摆放方向告诉对方，使另一个光子相应的调整自己的状态，那可怎么办呢？"为了防止发生这种信息交换，实验员就要随机且延迟决定实验中检偏镜的方向。因此，阿莱恩·阿斯派克特的实验可以更加确切地检验贝尔不等式——没有人可以怀疑他的实验结果，因为实验中的检偏镜或光子不可能互通消息，欺骗实验员。请注意，在物理学家眼里，信息交流并不是如此诡异的，他们当然不是真的认为光子会捉弄实验员。物理学家们担心的是，一个物理系统如果要达到某种均衡态，该系统的不同部分可能会通过光或者热的传播而互相影响。

在实际实验当中，阿斯派克特向检偏镜发出的信号并不是完全随机的，而是周期性的——不过，这种信号的确是在光子飞出以后才发给检偏镜的。这是他的实验中至关重要的一点创新。

阿斯派克特的双通道无交换实验设置如下图所示（此图为他的博士论文中图示之复本，经允许采用）：

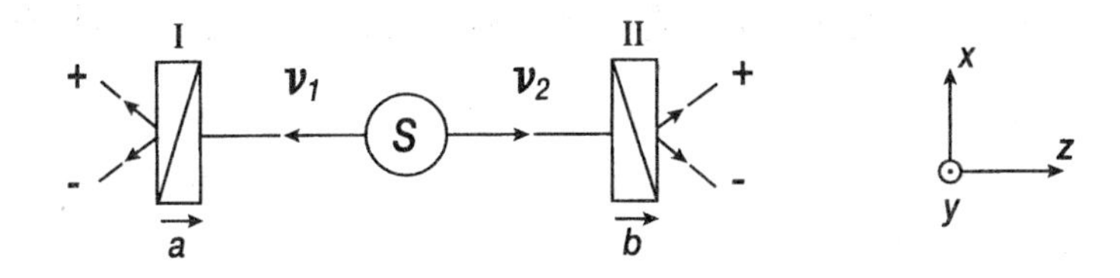

阿斯派克特知道贝尔不等式曾被用于检验量子力学和定域实在性这两种理论孰对孰错，于是前往日内瓦去探访约翰·贝尔。阿斯

派克特告诉贝尔他打算做一个实验，实验中要用时变偏光镜的动态原理（dynamic principle of time-varying polarizers）来检验爱因斯坦的可分离性（separatability），贝尔自己也曾在论文中提到这种实验。贝尔看着他，问："你有终身教职吧？"阿斯派克特回答说他只是个研究生。贝尔惊奇地瞪着他，喃喃地说："你准是个非常大胆的学生……"

阿斯派克特开始做自己的实验，他用钙原子束来生成相关光子对。用激光来激发钙原子，使每个原子中的一个电子由基态（ground state）向上跃迁两个能级（跟以往的实验一样）。当电子的能量回落两个能级时，有时会释放出一对相关的光子。在这个原子级联跃变过程中产生的纠缠光子的能级如下图所示：

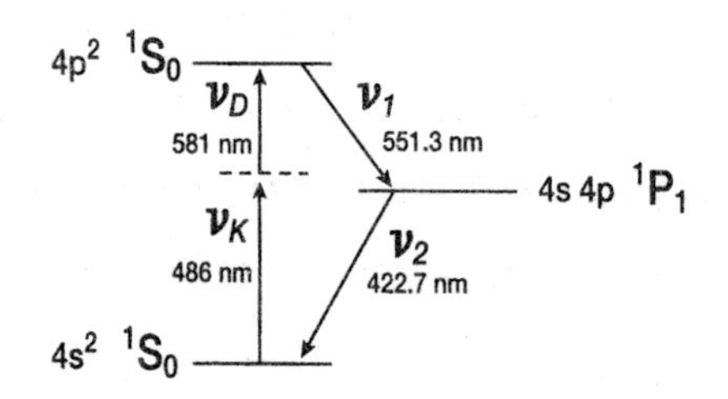

该实验的符合率（coincidence rate），即事实上被侦测到并且测量过的相关光子对的比率，要比以往实验高出好几个等级。单通道偏光镜实验非常成功：实验结果跟贝尔不等式偏离了 9 个标准方差。这说明量子论胜利了，隐变量是不存在的，纠缠光子是具有非定域性的——它们可以在同一时刻对对方的状况做出反应——以上结论出错的概率微乎其微。这个实验结果非常有力。接下来，阿斯派克特进行了双通道实验。

在单通道实验中，如果一个光子被挡在偏光镜外面，它就无法被侦测到，我们无法得知它是否跟另一个光子相关，相关度又如何。所以，我们需要双通道实验。在双通道实验中，如果一个光子被偏光镜挡在外面，反射出去了，它仍然可以被测量到。此举提高了整个实验的符合率，可以大大提高实验结果的精确度。测量方案的进步，使阿斯派克特的实验结果更加精确，也更加令人信服。这一回，实验结果跟贝尔不等式相差了 40 多个标准方差。支持量子力学和非定域性的证据是无可辩驳的，甚至远远超出了人们的预期。

最后要进行的是非定域性的最终检测，这个实验要证明的是：光子之间究竟是能够互传信号，还是它们在不能互传信号的情况下依旧可以对对方的状况做出即时反应（即量子力学所预言的非定域性）。阿斯派克特设计出一种偏光镜装置，能以极快的速度改变偏光镜在空间里的方向，因而能够在光子对飞出之后的一瞬间内决定偏光镜的方向。其中的道理是这样的：在实验装置的两端，各设有两个方向不同的检偏镜；两个检偏镜都连到一个开关上，此开关可在瞬间决定由哪一个检偏镜来接收光子，从而决定该光子将会遇到哪个方向上的测量行为。这一测量方法的革新，正是阿斯派克特实验最伟大之处，因此人们普遍认为阿斯派克特实验是非定域性的最终检测。

阿斯派克特的第三组实验的装置如下图所示，其中检偏镜的方向可以在光子对飞出之后用开关任意决定。

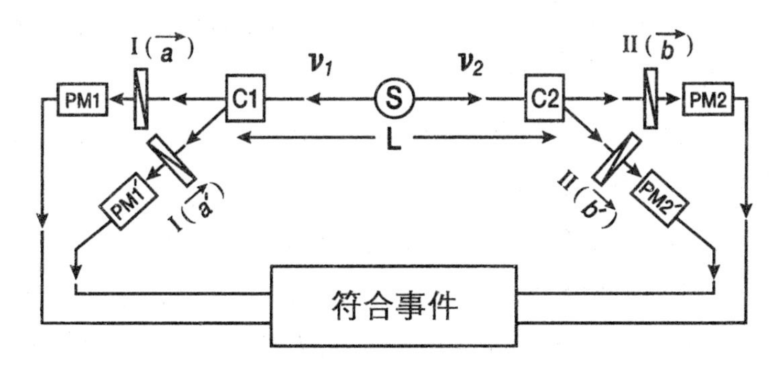

阿斯派克特在解释他的第三个实验的设置时，引用了约翰·贝尔一句很重要的话："由于实验仪器是事先设置好的，它们有足够的时间互相传递速度小于或者等于光速的信号，从而达到某种和谐的状态。"在这种情况下，偏光镜 I 的测量结果就有可能取决于远在实验装置另一端的偏光镜 II 的方向 b，反之亦然。因此，定域性的条件是无法满足的，也无法进行检测。科学家们这一步实验设计处理得非常微妙。他们有意无意地给偏光镜以及光子创造了互通消息（相互作用）的可能性，使实验结果能够符合定域实在性。不管怎么样，只要实验中的偏光镜是固定的，定域性的条件就无法满足；因此严格来讲，把这种实验的结果用在贝尔定理中来检验 EPR 的定域实在论和量子论孰是孰非，是不可能得出有效结论的。

在阿斯派克特的实验室里，每一个偏光镜与光子发生器的距离都是 6.5 米。上面的实验装置图中，两个偏光镜之间的距离是 13 米。为了解决前面提到的问题，以客观地检验"爱因斯坦的因果律"，我们必须保证实验中的光子和偏光镜不会通过互传信号来"欺骗实验员"。因此，阿斯派克特一定要找到一种实验方法，使他能够在小于 13 米除以光速（约 300 000 000 米 / 秒），即大约 4.3×10^{-8} 秒（43 纳秒）的时间内，将偏光镜 I 设置为 a 或 a′，偏光镜 II 设置为 b 或 b′。阿斯派克特终于实现了这一目的，制作出一个具有如此惊人反应速度的装置。

在上面的实验装置图中，偏光镜的转换可以在小于 43 纳秒的瞬间内完成。转换偏光镜的过程是通过一个声光装置实现的，光与水里的超声驻波会发生相互作用。当透明水容器中的波发生改变时，射入水中的光束会发生偏移，从而触动开关。事实上，两个偏光镜之间的转换每 6.7 纳秒和 13.3 纳秒发生一次，远远低于 43 纳秒的上限。

阿斯派克特的第三组实验也大获成功，定域性和隐变量再一次输给了量子力学。阿斯派克特留意到，其实他不但可以在光子飞出后改变设置，还可以让不同设置间的转换完全随机发生。但他的实验只是设计成周期性的转换，不是随机的转换。所以，塞林格指出，从理论上讲，可能会有一批绝顶聪明的光子和偏光镜掌握了实验设置的周期性变化，并且企图捉弄实验员。当然，这种可能性微乎其微。虽然如此，阿斯派克特的第三组实验还是包含了极其重要的动态设置，使他那一整套支持量子力学的实验结果更加坚不可摧，而且有力地证明了非定域的量子纠缠是一种真实的物理现象。

在下面的图表中，阴影部分即为实验结果中不符合爱因斯坦定域性的部分：

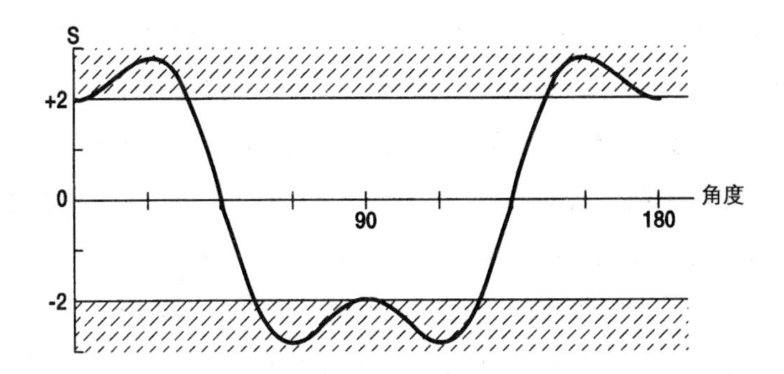

在此后的几年里，阿斯派克特仍然在奥塞的巴黎大学光学中心工作，继续进行量子物理学方面的其他的重要实验。他回想自己八十年代所做的开创性的量子纠缠实验时说：“让我感到自豪的，除了那些实验本身以外，还有一件事，那就是我的研究引起了人们对贝尔定理的关注。我做那些实验的时候，这个领域的研究并不热门。”

第十六章

激光枪

“【发生干涉现象是因为】一个光子来自一个光源，一个光子来自另一个光源，但我们无法确定究竟它们各自是来自哪一个光源。”

——伦纳德·曼德尔（Leonard Mandel）

阿斯派克特实验确定无疑地证明了（大多数物理学家都这么认为）量子纠缠的真实存在，伴随着他的巨大成功，关于纠缠现象的研究继续向前发展。阿莱恩·阿斯派克特等人在奥塞做的实验，以及在他们之前完成的实验，都是利用原子级联衰变来产生量子纠缠态的。这些实验告一段落以后，自20世纪80年代初开始，实验物理学家开始采用一种新的方法。这种方法称作“自发参数下转换”（spontaneous parametric down-conversion，简称SPDC）。

想象一下，一块透明的晶体摆在桌上，用光照射这块晶体。一开始，你只是看见光穿过晶体，从另一侧透出。但是，随着光的强度的增加，突然之间你会看到另外一种现象：晶体的周围出现了一圈淡淡的光晕。再看仔细些，你会发现那一圈淡淡的光晕中闪烁出彩虹的所有颜色。这种美丽的物理现象是源于一种有趣的物理效应。原来，照在晶体上的光虽然大部分都穿过晶体从另外一侧出去了，但是还有一小部分的光进入晶体后没能直接出来。这一小部分的光子发生了奇异的变化：每一个没能直接穿透晶体的光子都“分裂”成为两个光子。每一个滞留在晶体内的光子会跟晶格发生某种相互作用，从而生成了一对光子；这里面的具体过程，科学上还不能完全解释清楚。光子发生了上述变化之后，所生成的两个新光子的频率之和等于其母光子的频率。如此产生的光子对会发生纠缠。

要用自发参数下转换的方法生成纠缠光子，科学家们会利用激光来把光“注入”晶体。这里我们所用的是一种特殊的晶体，它具有生成光子对的特性，碘酸锂（lithium iodate）和硼酸钡（barium borate）就属于这一类。人们将这一类晶体称为非线性晶体（non-linear crystal），因为这类晶体的晶格原子受到激发时，晶格释放出来的能量可以用含有一个（平方）非线性项的方程来表达。下转换方法是 1970 年被物理学家发现，并用于生成纠缠光子。当年，伯恩汉姆（D. C. Burnham）和温伯格（D. L. Weinberg）发现强激光通过非线性晶体时，晶体外围会突然出现一层微弱的彩虹样的光；他们研究了这种光的性质，发现入射光的大部分都穿过了晶体，但大约每一千亿分个光子中有一个会留在晶体里，“分裂”成两个光子。因为这样生成的两个光子的频率之和等于其母光子的频率（也就是说这两个光子是母光子频率下降的产物），所以物理学家们将这个过程称为“下转换”：一个光子的频率向下转换，生成两个频率较低的光子。不过，两位物理学家当时尚未发现这样产生的两个光子是相互纠缠的，他们没有意识到自己已经发现了生成纠缠光子的重要方法。这种光子对不仅显示出偏振纠缠，而且显示出方向纠缠，对研究双光子干涉是非常有用的。

科学家们用早期的原子级联衰变法做量子纠缠实验时，发现了实验设计上的一个漏洞：用该方法收集光子对效率很低。这个问题是原子反弹（atom recoil）造成的：原子发生反弹时，其中一部分动量就测量不到了，因此发生了反弹的原子所生成的纠缠光子的方向也无法准确测定，我们很难从方向上识别哪个光子跟哪个光子构成纠缠光子对。相比之下，用下转换法可以大大提高实验精确度。下转换实验如下图所示：

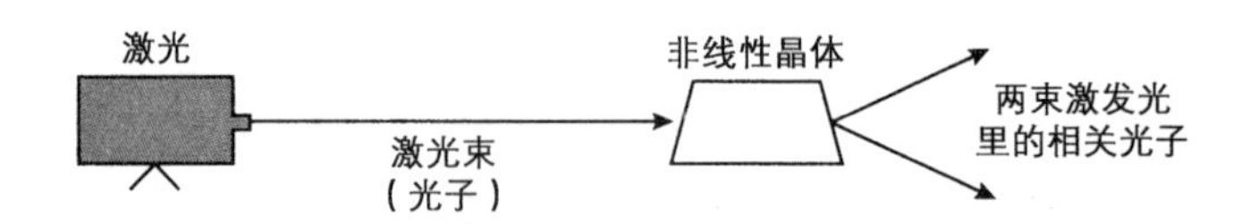

最早使用下转换法来研究量子纠缠的科学家是伦纳德·曼德尔（Leonard Mandel）。曼德尔 1927 年生于柏林，很小的时候便随家人移居英国。1951 年，曼德尔取得了伦敦大学的物理学博士学位，成为伦敦大学帝国学院（Imperial College）物理学高级讲师，任教十多年。1964 年，美国纽约的罗彻斯特大学（the University of Rochester）邀请曼德尔加入物理系，曼德尔应邀前往。他在美国研究的是宇宙射线，需要带着实验仪器到很高的山顶上侦测从外太空进入地球大气层的高能粒子。在海拔较高的地方，这类粒子的数量比海拔低的地方多得多。经过数年的研究，曼德尔不但迷上了光学，而且对量子论也着了魔，因为量子论决定了他所研究的粒子的行为。

20 世纪 70 年代末，伦纳德·曼德尔开始进行一系列实验，用激光来证明量子效应；其中一部分实验是跟金伯尔（H. Jeff Kimble）合作完成的。有些实验从单个钠原子中激发出光子；有些实验旨在验证互补性（complementarity）：光具有波粒二象性，而量子力学认为光的波动性和微粒性不能同时呈现在一个实验中。曼德尔的实验证明了光的一些十分惊人的量子特性。在某些实验中，曼德尔证明了，只要实验员可以改变测量方式，就完全可以将实验结果从波动条纹改为粒子行为。

80 年代，伦纳德·曼德尔及其同事开始用参数下转换技术来生成纠缠光子。其中一个实验发表在 1987 年的《物理评论快报》（vol. 59，1903-5）上，作者是高希（R. Ghosh）和曼德尔，该实验结果证明了一种有趣的纠缠现象。高希和曼德尔的实验设计如下图所示：

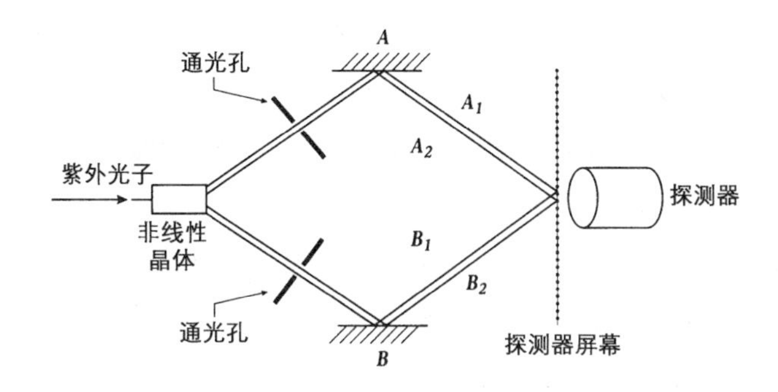

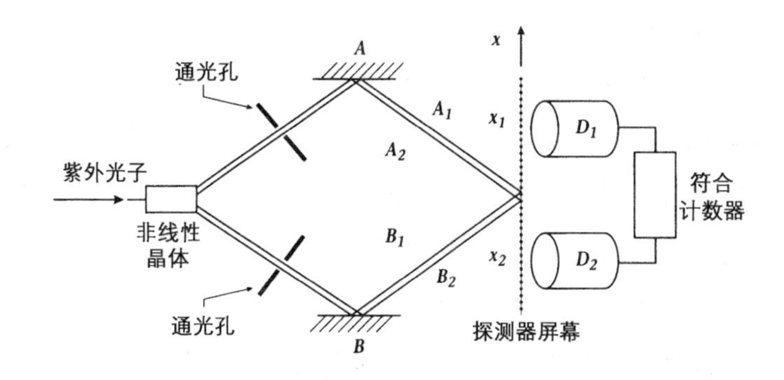

在上面的实验中，激光将光子注入一块非线性晶体，产生纠缠光子对。因为进入晶体的光子生成光子对的方式是无穷多的（只要所生成的光子对的频率之和等于母光子的频率），所以只要把探测屏放置在一定距离以内，就一定能接收到纠缠光子对。

在上图第一个实验设置中，只有一个微型探测器在屏幕上移动。高希和曼德尔惊讶地发现没有出现干涉现象，因而单个光子并没有像杨氏双缝干涉实验所显示的那样呈现出干涉条纹。在第二个实验设置中，屏幕上有两个分开的微型探测器，当两个探测器分头在屏幕上移动时，仍然没有出现干涉条纹。接下来，高希和曼德尔将两个探测器跟一个符合计数器连接在一起，只有当两个探测器同时接收到光子时计数器才会进行记录。现在，把一个探测器固定在屏幕上，然后移动另一个探测器，这时候符合计数器录下了一个清晰的干涉条纹，跟杨氏双缝干涉实验中的干涉条纹相似。

这个实验结果令人十分惊讶。虽然量子论表明单个光子会同时走两条路径，并且跟自己发生干涉，杨氏双缝干涉实验也证实了这一点，但是，纠缠光子的情况又有所不同。一对纠缠光子，虽然是各自分开的，却仍然构成一个单一整体。由两个纠缠光子构成的单一整体处于两种状态的叠加态中，因此这个双光子整体能够跟自己发生干涉；并且，只有当我们知道屏幕上两个不同位置同时发生的状况时，才会看见干涉条纹——也就是说要把两个纠缠光子作为一个整体来观察，才能看见我们所熟悉的明暗相间的干涉图像。如果在两个远远分开的探测器处各安排一位实验员进行观察，他们必须将各自观察到的结果放在一起，才能发现干涉现象。如果两个实验员只是各自观察一个探测器，他们只会观察到一个个光子随机抵达探测器，没有干涉条纹，光子出现的平均频率不变。这一实验结果证明了关于量子纠缠的重要概念：把相互纠缠的粒子视为各自独立的个体是不对的。从某些方面来说，纠缠粒子没有各自独立的物理特征，它们总是作为一个整体来行动的。

1989 年，约翰斯·霍普金斯大学（Johns Hopkins University）

的詹姆斯·弗朗森（James Franson）提出了另外一种实验。他指出，如果我们不知道纠缠粒子对何时会产生，双粒子干涉条纹也可能出现。加州大学伯克利分校的赵雷蒙（Raymond Chiao）和他的同事一起按照弗朗森的设想做了一个实验，曼德尔等人也做了类似的实验。实验设置是这样的：入射光子的两条通道上各设有一长一短两种路径，用半镀银的镜片来分隔各条路径。光子将走哪一种路线呢？用下转换法生成的纠缠光子对同时产生，又同时抵达；但是因为我们不知道它们是什么时候产生的，所以两个光子都处于走长路径和走短路径的叠加态中。这样，我们就有了一个"暂时"（temporal）的双缝设置。

另外一位物理学家，马里兰大学（the University of Maryland）的史砚华（Yanhua Shih），也曾广泛利用自发参数下转换法（SPDC）技术来生成纠缠光子。他于1983年开始进行一系列实验，旨在验证贝尔不等式。他的实验非常精确，得到的结果非常符合量子力学，显著地背离了贝尔不等式，相差达到几百个标准方差。他的实验结果具有非常显著的统计学意义。史砚华的实验小组还做过"延迟决定"实验，同样取得了非常精确的结果，与量子力学非常吻合。

史砚华接着又研究了一种称为"量子擦"（quantum eraser）的复杂现象。如果我们在实验中能够借助探测器观察到光子选择的是两条路径中的哪一条，干涉条纹就不会产生。因此，在判定"哪一路径"的实验中，我们观察到的是光的粒子性。如果我们的实验设置无法用于判断光子选择的是哪一条路径，那么我们所进行的就是"双路径"实验，这时我们认为光子同时走了两条路径。干涉条纹将会出现，实验将显示出光的波动性。别忘了，根据玻尔的互补性原理，同一个实验是不可能既显示出波动性又显示出粒子性的。

史砚华和他的同事设计了几个奇怪的实验，能够“擦除”信息。更惊人的是，他们还能“延迟”擦除信息。在这些实验当中，一对纠缠光子生成之后被传到一个复杂的光束分离系统中（由半镀银的镜片组成，可让一个光子穿过镜片或被反射，两种路径的概率均为 50%）。一个光子抵达屏幕、其位置被记录下来之后，实验设置将被随机改变，或者显示光子路径，或者不显示光子路径。这样，我们便可在第一个光子抵达屏幕之后再决定它在屏幕上显出的是波动性还是微粒性，因为第一个光子抵达屏幕后，另一个孪生光子尚在飞行，该孪生光子在这一瞬间遇到的实验设置将决定第一个光子的状况。

不过，从本书的角度看，同时也是从技术应用的角度考虑，史砚华等人所做的实验中最有趣的当推“幽灵成像实验”（ghost image experiment）。该实验利用纠缠光子对中的一个光子来令其孪生光子在遥远的地方呈现出一个幽灵般的影像。[30] 该实验的设置如下图所示：

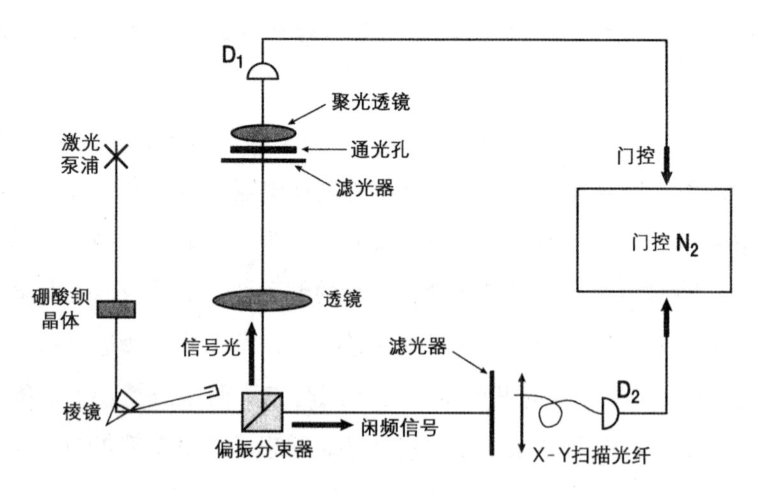

从设置图上可以看到，用一束激光给一块非线性晶体（硼酸钡）注入光子，生成SPDC纠缠光子。纠缠光子穿过棱镜，遇到光束分裂器，光子按其偏振方向被分成两路。于是每一对纠缠光子中都有一个光子被光束分裂器反射，走向上的路线，通过一面透镜，抵达滤光器。滤光器上开有狭缝，狭缝的形状呈字母UMBC（史砚华的母校，马里兰大学巴尔的摩分校University of Maryland, Baltimore County的首字母）。有一部分光子会被滤去，而通过字母狭缝的光子则被一面透镜聚集起来，传到探测器D_1。探测器D_2负责收集从另一条通道穿过滤光器的孪生光子。探测器D_1和D_2都连到一个符合计数器。每一对纠缠光子中的另一个将穿过光束分裂器，走下面的水平路线，射到滤光器和布有扫描光纤的屏幕上，扫描光纤会记录光子在屏幕上的位置。只有那些跟通过UMBC狭缝的光子相匹配的光子才会被记录下来，它们会在屏幕上呈现出UMBC的影像。幽灵成像的图示如下：

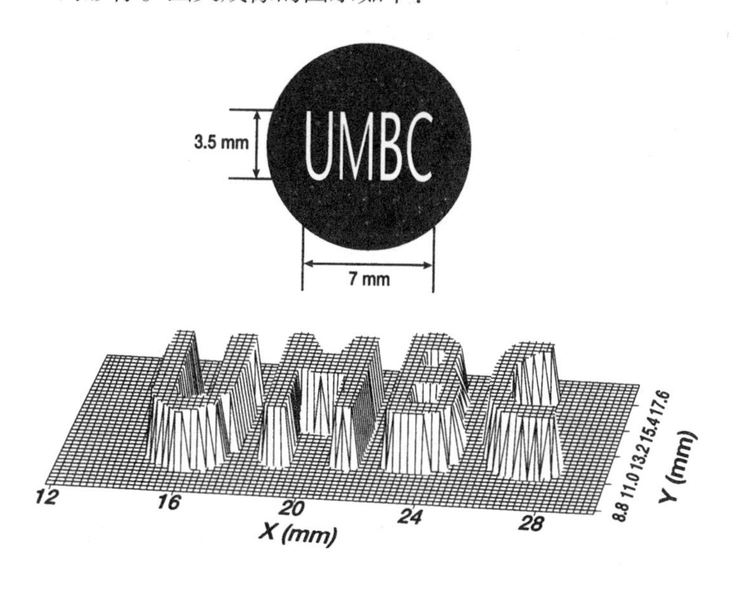

这样，利用纠缠光子，穿过字母狭缝 UMBC 的光子可以通过它们的孪生光子把影像传输到遥远的地方。这个实验生动地展现了量子纠缠现象的一种有趣的特质。字母影像之所以能像幽灵一样显现在远方，有两个因素在起作用。首先，有一批光子抵达带有扫描光纤的屏幕；但不是所有这些光子都有用。我们要跟这批光子的孪生光子所在的那一端取得联系，通过符合计数器获取必要的信息。只有屏幕上那些跟通过字母狭缝的光子相匹配的光子，才是有效的。所以，幽灵成像是量子纠缠和“经典的信息渠道”相结合的产物。

史砚华下一阶段的研究工作，是一个非常刺激的课题：量子远距传输（quantum teleportation）。远距传输的一些基本思路跟幽灵成像实验很接近。特别是，量子远距传输必须同时利用两种渠道：一是“EPR 渠道”，即量子纠缠的“远距离作用”渠道（相互作用是即时发生的）；二是“经典的信息渠道”（传递速度不能超过光速）。后文我们还会回到这个话题上来的。

第十七章

三粒子纠缠

“爱因斯坦说过，如果量子力学是正确的，那么世界一定很荒唐。爱因斯坦说对了——这世界的确很荒唐。”

——丹尼尔·格林伯格

“爱因斯坦所说的‘实在性的元素’(element of reality)并不存在。如果说世界是客观实在的，那么三粒子之间那种优美的舞蹈就根本无从解释。三粒子之间会出现那样的行为，并不是由它们的客观属性决定的。它们的行为完全是量子魔术的产物。”

——迈克尔·霍恩

“量子力学是人类最不可思议的发明，同时也是最美丽的发明。构成量子论基础的力学之美，表明我们的发现具有非凡的意义。”

——安东·塞林格

前面我们已经说到，迈克尔·霍恩(Michael Horne)跟阿伯纳·西摩尼(Abner Shimony)、约翰·克劳瑟(John Clauser)、理查德·霍尔特(Richard Holt)四人(简称CHSH)通过合作，取得了丰硕的研究成果，克劳瑟和弗里德曼还用真实的物理实验来验证贝尔不等式，实验结果有力地支持了量子力学，同时显示了量子纠缠现象的存在。CHSH 理论上的成功以及随之而来的实验在各种物理学文献中引起了广泛的关注，成为科学上的重大新闻。各种科学期刊纷纷刊登论文，报道最新的发现。人们兴奋不已，提出各种新的实验，为奇异的量子世界找到新的证据。

过了不久，克劳瑟、西摩尼、霍恩三人跟这一切的肇事者——约翰·贝尔——取得了联系，他们之间展开了广泛的交流，其结果有一部分体现在研究论文中，解答了有关的问题，讨论他们提出的各种观点。四人之间的交流颇有成果，贝尔定理预设条件的限制减少了，我们对奇妙的量子纠缠现象的理解加深了。

1975 年，迈克尔·霍恩加入了麻省理工学院的一个研究小组，带头的是克利夫·夏尔（Cliff Shull），该小组用麻省理工学院核反应器（位于美国马萨诸塞州的剑桥）生成的中子做实验。克劳瑟在反应器实验室工作了十年，用中子来做单粒子干涉实验。他还遇见了两位物理学家，正是这两个人改变了他的研究路线，而他们三人的合作研究则使我们对量子纠缠的理解取得飞跃。这两位物理学家就是丹尼尔·格林伯格（Daniel Greenberger）和安东·塞林格（Anton Zeilinger）。他们三人后来共同发表了一篇重要的论文，证明了三粒子是可以发生纠缠的，后来还用了数年时间来研究这种发生纠缠的三粒子体系的特性。多年以后，有一次我问他们：他们三人是否也像他们所研究的三粒子体系那样彼此发生了“纠缠”，安东·塞林格马上回答：“是的，我们三人关系非常密切，无论哪一个开口说话，另外两个就会接口替他把话说完……”迈克尔·霍恩从双粒子干涉研究转向单粒子干涉研究，是非常有道理的。CHSH 研究使量子纠缠成为量子力学基础中的一个关键原理，接下来，霍恩决心要就这些基本原理做更深入的探索。他非常熟悉量子论发展的历史，对其中各种观点的来龙去脉了如指掌。他知道，杨在19世纪完成他那个奇妙的光的双缝干涉实验，发现了至今仍然令我们困惑的干涉条纹的时候，光（包括其他的电磁辐射）是人们所知道的唯一的一种微观的“波”。接下来，就是爱因斯坦1905年提出的“光子说”，用以解释光电效应，说明光不仅是波，而且也是一股粒子流。霍恩还知道，1924年德布罗意“猜想粒子也是波”，但是当时“无人能用电子来做双缝干涉实验，虽然过了不久电子的晶体衍射（crystal diffraction of electrons）实验就直接证明了德布罗意波是确实存在的”。二十五年后，德国物理学家穆伦史代特（Möellenstedt）和他的同事们在五十年代方才成功地用电子做了双缝干涉实验，他们证明了电子通过杨氏双缝实验装置时，屏幕上出现了同样的干涉条纹，这表明电子具有波的特性。

后来，到了七十年代中，先是维也纳的赫尔穆特·劳赫（Helmut Rauch）接着是美国密苏里州的山姆·沃纳（Sam Werner）各自独立完成了中子的双缝干涉实验。这些个体较大的量子物体在通过双缝实验装置时也显示了波的干涉条纹。维也纳的研究小组和密苏里州的研究小组都用了热中子（thermal neutron）：从核反应器里产生的中子。这类中子的运动速度较慢（与光速相比较“慢”），大约是1千米/秒，因此根据德布罗意公式，它们所连带的波长约为若干埃。这类实验难度很大，因为有了新的半导体技术，人们才得以用大块的完好的硅晶体来做这类精密实验。科学家们用手掌大小的硅晶体制作干涉计，用于接收从核反应器产生的中子。中子遇到硅晶体时，与晶格发生相互作用，中子束先是在晶体的一个极板（Slab）上发生衍射，分成几束，接着其他极板将会使之再取向，最后这些中子束被重新迭加起来，形成干涉条纹。

霍恩对这些新出现的实验非常感兴趣。他知道克利夫·沙尔是四十年代中子研究领域的先驱（后来沙尔获得了1994年诺贝尔奖），在麻省理工学院核反应器所在地有一间实验室，当时正在那里做热中子的实验。霍恩已经得到了斯通希尔学院（Stonehill College）的物理学教职，但是斯通希尔学院既没有核反应器，也没有著名的物理学家在那里领导新的振奋人心的研究。于是，1975年的某一天，霍恩走进了麻省理工学院克利夫·沙尔的实验室，做了自我介绍。他告诉沙尔自己早先曾跟阿伯纳·西摩尼、约翰·克劳瑟合作进行量子纠缠方面的研究，并且对中子干涉实验非常感兴趣。接着他问："我可以来玩吗？"

"你就用那张办公桌吧。"沙尔回答说，指着实验室一边的一张桌子。从那一天起，整整十年间（自1975年至1985年），每年夏天，每一个圣诞节假期，每一个星期二（那天他不上课），迈克尔·霍恩都待在麻省理工学院的沙尔核反应器实验室里，做中子衍射实验。他尤其感兴趣的两个实验已经分别由维也纳和密苏里州的研究员用中子做过了。克利夫·沙尔的研究小组还会在麻省理工学院进行更多同类的实验。

1975年由山姆·沃纳等人在密苏里州大学完成的实验直接证明了中子的双缝干涉是如何受万有引力影响的——这个问题此前从未被揭示过，从来没有人用实验证明过万有引力对量子力学干涉现象的影响。密苏里州的实验设计精巧，概念上也十分简单，而它又能证明出许多同类量子实验的核心问题。

穿过干涉计的两条路径被设计成菱形。一个中子进入菱形区域时，其量子波被分成两半，一半向左，一半向右。两列波将在菱形的另一头汇合，随即离开菱形，或者呈波峰，或者呈波谷——跟经典的杨氏双缝干涉实验中屏幕上的条纹一样，唯一不同的是这里的图像在屏幕上呈现为一点，而杨氏实验中的条纹是由大量连续的点组成的。科学家们记下他们所得到的图像是波峰还是波谷。然后，转动硅晶体，菱形也随之被转过 90 度角，方向由水平变为垂直。这时他们发现干涉图像发生了变化。引起这种变化的原因是，硅晶体转动以后，两个中子的波受万有引力的影响发生了变化，因为一个中子高于另一个中子，而位置较高的中子运动速度较慢。这样，中子在一种路径上的德布罗意波长跟另一种路径上的德布罗意波长就有所不同，因而干涉条纹也就起了变化。这个实验图示如下：

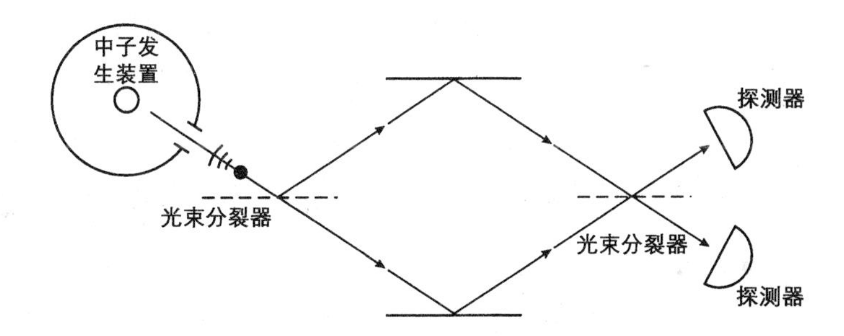

另外一个实验，是中子的 2π－4π 实验，该实验 1975 年由维也纳的赫尔穆特·劳赫等人（Helmut Rauch）完成，同年密苏里州的实验小组也完成了这个实验。劳赫的维也纳研究小组用中子干涉计显示了中子的一种奇妙的特性。用一个磁场把干涉计一条路径上的中子转动 360 度（2π）。具有整数自旋态的粒子——即所谓的玻色子（boson）——若同样被转动 360 度就会回到其初始状态（因为它们正好整整转动了一周）；中子则不然。中子在转动 360 度，即转动了一周后，会出现变号（change sign），这可以从干涉现象中看出来。只有当磁场令中子再转动一周（即总共转动 4π）后，中子才会回复到初始的状态。

与此同时，波士顿的阿伯纳·西摩尼和迈克尔·霍恩也在讨论用中子来做同类的实验，旨在用实验证明中子的 2π－4π 性质，这种性质在理论上已经得到证明。他们并不知道远在维也纳，劳赫和他的学生们已经做过同样的实验。霍恩和西摩尼完成了他们的论文，投送到一家物理学杂志。不久，他们得知维也纳的研究小组也做了同样的研究，而且已经完成了这项实验。劳赫带领的维也纳研究小组的成员之一，就是他的学生安东·塞林格。

安东·塞林格 1945 年 5 月出生在奥地利茵克莱斯 Innkreis 的里德市（Ried）。1963 年至 1971 年，塞林格在维也纳大学学习物理和数学，于 1971 年取得了物理学博士学位，他的博士论文题目是《中子镝单晶去极化》（Neutron Depolarization in Dysprosium Single Crystals），导师是劳赫教授。1979 年，塞林格在维也纳技术大学（the Technical University of Vienna）完成了高等学校教授资格考试（Habilitation）论文，研究课题是中子和固态物理学。1972 年至 1981 年，塞林格在维也纳原子研究所做大学助教，仍然是跟劳赫共事。

埃里斯（Erice）是一座风景如画的中世纪古城，坐落在意大利的西西里岛，周围草木苍翠，山峦环抱。热爱自然和美的物理学家们爱上了这座小小的城市，在这里举办一年一度的学术研讨会，吸引了世界各地的物理学同道。1976 年埃里斯会议的主题是量子力学基本原理，议题包括贝尔不等式和量子纠缠。劳赫看见会议通知时，对安东·塞林格说："你何不去参加这个会议？我们对贝尔的理论了解不多，但我们可以去学习，我听说就在维也纳有人做过量子纠缠实验，非常有意思，说不定哪天我们自己也可以做这样的实验……

到那儿去学习学习吧。”塞林格非常乐意，于是整装前往西西里。

与此同时，在波士顿，西摩尼、霍恩以及哈佛大学的弗兰克·皮普肯（Frank Pipkin）也正收拾行囊，准备动身去西西里。他们要在会议上宣读有关量子纠缠的研究论文。霍恩的论文是他和约翰·克劳瑟多年合作研究的结果——贝尔定理在可能实现的实验中的一种扩展形式。在西西里，来自波士顿几位物理学家第一次见到塞林格。霍恩说：“我们一见如故，非常投缘。安东兴趣很浓，一个劲地从我这里了解贝尔定理。他对量子纠缠非常着迷。”

有一天，在麻省理工学院核反应器的克利夫·沙尔实验室，夏尔走到霍恩跟前，指着手里的一封信问道：“你听说过安东·塞林格这个人么？他申请来这里工作，在信里提到你。”霍恩回答说：“噢，当然啦。太好了！他是个很棒的物理学家……对量子力学的基本原理很感兴趣。”

安东·塞林格于是加入了麻省理工学院的研究队伍，成为1977至1978年度的博士后研究员，获得富尔布莱特基金（Fulbright Fellowship）资助。此后十年间，他一面在维也纳技术大学担任教授，一面还多次到麻省坎布里奇做短期的访问研究，每次停留数月。他工作非常勤奋，继续做他学生时代在维也纳跟随劳赫搞过的中子衍射研究。他跟霍恩数年间合作发表了十多篇论文，那时克利夫·沙尔和研究生也跟他们一起在实验室工作，学生换了一届又一届。这种工作格局一直持续到1987年沙尔退休。

在工作间隙，塞林格和霍恩常常一面用餐，一面探讨双粒子干涉的问题，这是霍恩早年跟西摩尼、克劳瑟、霍尔特合作的课题。而他俩当时正在做的是单个中子的干涉现象的研究，双粒子问题和贝尔定理只是两人共同热衷的爱好，日常工作之余的兴趣。霍恩回忆道："我们坐在一起，吃着午饭，我给他讲贝尔定理、定域隐变量理论，以及定域隐变量为何跟量子力学不能相容。他总是听得很专注，还总是想了解更多一些。"

丹尼尔·格林伯格 1933 年出生于纽约的布朗克斯（Bronx）。他就读于布朗克斯理科高中（the Bronx High School of Science），同班同学里有米利安·沙拉齐克（Myriam Sarachik，新任美国物理学会会长，现在纽约市立学院任教，是格林伯格的同事）、诺贝尔物理学奖得主谢尔顿·格拉肖（Sheldon Glashow）和史蒂文·温伯格（Steven Weinberg）。中学毕业后，格林伯格入麻省理工学院学习物理，1954 年取得学士学位，随后前往伊利诺伊州大学攻读博士学位，跟随弗兰西斯·楼（Francis Low）研究高能物理学。楼教授后来离开伊利诺伊大学，去麻省理工学院任教，格林伯格便随他去了麻省理工学院，并在麻省理工完成了博士论文。格林伯格在麻省理工学习了数学物理学，包括对称代数方法，这种数学方法在现代理论物理学中应用十分广泛。六十年代初，他跟加州大学伯克利分校的杰弗里·邱（Jeffrey Chew）做博士后研究，课题仍是高能物理学。在此期间，他听说纽约市立学院设立了研究生院，其中有物理学课程。1963 年，他加入了纽约市立学院物理学系，此后一直在那里工作。

格林伯格一向对量子论十分痴迷。他认为，虽然当量子力学的研究对象增大到一定程度时，量子力学就可以过渡到经典物理学，但是量子力学绝不仅仅是对经典物理学的补充和扩展；量子力学是一种独立的理论，其丰富的内涵对我们来说并不是显而易见的。格林伯格将量子论比作夏威夷群岛，当我们接近那些岛屿时，我们只能看见水面之上的部分：山丘和海岸线。而水面以下隐藏着的部分，却是巨大无比的，一路延伸到太平洋的底部。丹尼尔·格林伯格以物体的转动为例，来说明量子力学并非经典物理学的扩展。他指出，角动量是经典物理学的组成部分，在量子力学中也有类似的概念；而自旋（spin）则仅仅适用于量子世界中的微观物体，在经典物理学中是找不到对等概念的。

格林伯格对相对论和量子力学之间的相互影响也非常感兴趣。他尤其想检验爱因斯坦提出的惯性质量等于引力质量的重要原理在量子层面上是否成立。他发现，要对这条原理进行检验，就必须先弄清量子物体是否受重力的影响。他知道中子就是一种量子物体。物理学家们一直都想找出广义相对论（即现代版的引力理论）和量子世界之间的关联。中子属于量子，因为中子很小；但同时中子又会受重力的影响。这样看来，通过研究中子，也许就能够发现广义相对论和量子论之间的关联了。

格林伯格跟在纽约长岛布鲁克海文国家实验室（the Brookhaven National Laboratory）研究用反应器工作的科学家取得了联系，询问有关中子研究的情况，却被告知他们那里无人从事中子干涉研究。后来他得知麻省理工学院的克利夫·夏尔做了这方面的研究，便于1970年前往麻省坎布里奇拜访夏尔。五年后，他看见一篇由科勒拉（Colella）、奥弗豪塞（Overhauser）、沃纳（Werner）三人联合发表的论文，文中探讨了A-B效应（阿哈朗诺夫-波姆效应），于是又联系了奥弗豪塞，跟他交换了有关A-B效应的看法。格林伯格发现了一个需要探讨的问题。后来，他在《现代物理评论》上发表了一篇讨论A-B效应的论文。1978年，在法国格勒诺布尔（Grenoble）的大型反应器实验室举办了一次研讨会。奥弗豪塞收到邀请，却因故未能出席，他于是问格林伯格是否愿意代他去参加会议。

在格勒诺布尔，格林伯格认识了塞林格，当时塞林格正好是劳厄–朗之万研究所（the Institut Laue-Langevin）格勒诺布尔反应器实验室的兼职客座研究员。格林伯格还见到了前去开会的迈克尔·霍恩。由于格林伯格、霍恩、塞林格都对同一个课题感兴趣，他们之间很自然地建立了一种关系。格林伯格回忆时说："那一次会议改变了我的生命，我们三个真的很谈得来。"塞林格从格勒诺布尔回到奥地利，继续做他的研究，他再度来到麻省理工学院时，很高兴地看见格林伯格也加入了麻省理工的研究小组，在那里作短期访问。这种短期访问在此后多年里进行了很多次，一直持续到 1987 年沙尔退休的时候，三位科学家因此能够亲密共事。夏尔退休以后，他们三人又得到美国国家自然科学基金会的一项拨款，加上汉普郡学院赫伯·伯恩斯坦（Herb Bernstein）的支持，继续进行他们的探索。

塞林格不时地去麻省理工待上一阵子，有时几个月，有时一两年；格林伯格则不时地去做短期访问，每次停留几星期，唯有 1980 年是个例外，他利用休假学年在麻省理工待了很长时间。三位物理学家很快就结成了紧密的团队，在麻省理工反应器实验室工作的科学家很多，而他们三人关系特别密切。在实验室以外，他们经常一起讨论量子纠缠问题，这是他们共同的兴趣，话题经常是围绕着双粒子干涉以及贝尔的神奇定理；在实验室里，他们只研究单粒子（中子）干涉。

这三位物理学家之间形成了完全"纠缠态"。格林伯格和霍恩同时发现 1950 年面世的著名的 A-B 效应中存在理论问题，二人各自对此问题做了研究。格林伯格将自己的研究结果写成论文，发表在学术刊物上。塞林格和格林伯格各自想到的一些物理学问题总是紧密相关的；霍恩和塞林格的想法也总是十分和谐，他们俩在沙尔实验室工作的十年间联合发表了许多单粒子干涉方面的论文。1985

年，霍恩和塞林格共同完成了一篇论文，提出一个实验构想，用于证明两个纠缠粒子的位置（而不仅仅是自旋或偏振）也是纠缠相关的，贝尔定理在位置问题上同样适用。

1985 年的一天，塞林格和霍恩无意中看见一份会议通知，说将在芬兰举办研讨会，纪念爱因斯坦、波多斯基、罗森的 EPR 论文诞生五十周年暨该论文在科学界引发的革命。他们觉得去参加芬兰的会议是件大好事，不过需要在会上宣读一篇双粒子干涉方面的论文；他们的单粒子干涉研究不适合这次会议。短短几天内，他们设计了一个双菱形装置，可以做成一种新的实验，用于检验贝尔不等式。这个实验设计便是他们会议论文的内容，他们的构想是先生成纠缠光子，然后用双菱形装置来做这些光子的干涉实验。该实验设置如下图所示：

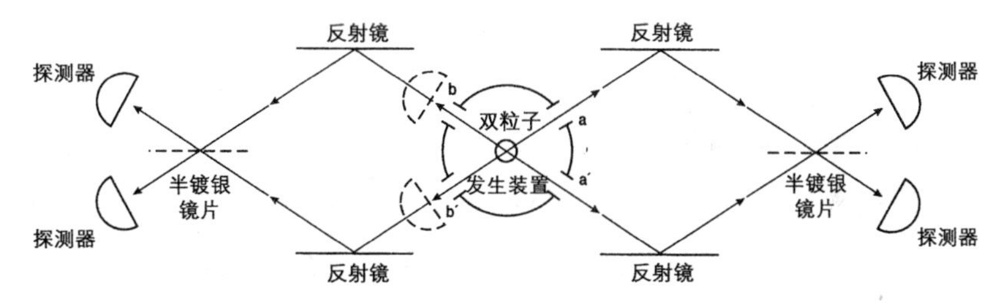

在这个实验设置当中，一个特制的光源会同时释放出两个粒子 A 和 B，向两个不同的的方向飞出。这样，两个粒子或者分别穿过 a 孔和 b 孔，或者分别穿过 a′ 孔和 b′ 孔。假设 b 孔和 b′ 孔处各有一个探测器，可以侦测到 B 粒子的位置。那么，如果侦测到 B 粒子出现在 b 孔，A 粒子就一定穿过了 a′ 孔；同理，如果侦测到 B 粒子出现在 b′ 孔，A 粒子就一定穿过了 a 孔。因此，光源每生成 100 对粒子，实验装置右边的两个探测器会各记录下 50 个 A 粒子，也就是说没有发生单粒子干涉，因为对 B 粒子的监测能够显示 A 粒子走的是哪一条路径。实际上，我们甚至都无需在 b 孔和 b′ 孔处设置探测器，因为只要我们有可能测定 B 粒子走的是哪一个孔，A 粒子的单粒子干涉就绝不可能发生。

因此，我们想象把 b 孔和 b′ 孔处的探测器去掉，观察右边的两个监测 A 粒子的探测器以及左边的两个检测 B 粒子的探测器。如果光源发出 100 对粒子，那么根据量子力学每一个探测器都会发现 50 个粒子，就是说 A 粒子和 B 粒子都不会发生单粒子干涉，因为只要我们在光源附近测到一个粒子的位置就可以确定另一个粒子的路径。除此以外，量子力学还预言到四个探测器之间的奇妙的相关性。如果 B 粒子出现在左下方的探测器，那么 A 粒子必定会出现在右上方的探测器；如果 B 粒子出现在右下方，那么 A 粒子必定出现在左上方。左下方和左上方的探测器绝不会同时侦测到粒子，右下方和右上方的探测器也不可能同时侦测到粒子。但是，如果我们将其中一个光束分裂器（半镀银的镜片）向左或者向右挪开一定的距离，那么探测器之间的相关性就会截然不同：左面的两个探测器会同时发现粒子，右面两个探测器也会同时发现粒子，但对角线上的两个探测器绝不会同时发现粒子。无论光束分裂器如何摆放，每个探测器仍然是侦测到 50 个粒子。量子力学认为这种现象表明每一对粒子都同时既穿过了 a 孔和 b 孔，又穿过了 a′ 孔和 b′ 孔。这种神秘的量子态便是双粒子纠缠的一个表现形式。[31]

有一天，格林伯格坐在霍恩的厨房里，他问霍恩："你觉得三粒子纠缠会是什么样子的？"这里的问题有几方面：首先，三粒子之间的相关性是怎样的？另外，EPR 假设当如何用在三粒子纠缠问题上？用定域实在论来解释三粒子纠缠会不会有特殊困难？在三粒子纠缠问题上量子力学和爱因斯坦的定域论之间的矛盾是否跟双粒子纠缠基本相同？格林伯格认为这个问题很值得研究，他的休假研究学年即将到来，要赶快找到可行的实验方案。他想起在吴健雄-萨克诺夫的电子偶素发射实验中，电子和正电子互相湮灭时通常会产生两个高能光子；而有些时候，湮灭过程中也会生成三个光子。这是新研究课题的一种可能的实验方案。霍恩考虑了格林伯格的问题，回答说："我觉得这是个很好的研究课题。"格林伯格回去了，继续思考这个问题。在接下来的几个月中，他不时地跟霍恩联系，告诉霍恩说："三粒子纠缠又出新结果了——我发现了很多不等式；我觉得三粒子纠缠可能比双粒子纠缠更能有力地驳倒 EPR。"霍恩对三粒子纠缠非常有兴趣，虽然他知道贝尔定理和有关实验已经证明了 EPR 是错误的，不必急于另行证明，但还是很乐意探讨这个问题，并鼓励格林伯格继续研究下去。

1986 年，塞林格在维也纳跟劳赫一起工作。与此同时，格林伯格得到富尔布莱特项目资助，前往欧洲做为期一年的休假研究。他决定利用这次机会去奥地利跟塞林格合作。在飞越太平洋的旅途中，他心里仍然在考虑三粒子纠缠问题。抵达维也纳时，格林伯格已经想出了一些很好的研究方案。他觉得，即便不用不等式，差不多也能得出贝尔定理。在维也纳，塞林格和格林伯格共用一间办公室，格林伯格理论上每有新发现，便会立刻告诉塞林格，然后两人一起细细探讨。最后，格林伯格终于可以肯定三粒子之间的完全相关态足以证明贝尔定理，再也不需要探讨两个粒子间的部分相关性，再也不需要通过克劳瑟和弗里德曼、阿斯派克特以及其他科学家做过的那些实验来证明贝尔定理了。他发现了一种非常有说服力而在理论上又比较简单的方法来证明贝尔定理。格林伯格兴奋地说："咱们把它发表了吧！"塞林格说，他和霍恩此前也联手做过一些相关的研究，应该纳入这篇论文。他们俩在电话上跟波士顿的霍恩讨论了这件事，决定一起就该课题撰写一篇论文。

1988 年，有一次霍恩在沙尔实验室里翻阅《物理评论快报》，看见伦纳德·曼德尔的一篇论文，文中描述的实验设计跟先前霍恩和塞林格在芬兰会议上发表的实验几乎一模一样。唯一的区别是，曼德尔的双粒子干涉实验中的两个菱形设置是折叠起来的，而霍恩–塞林格设计的实验中两个菱形是平铺开来的。曼德尔没有看过芬兰会议的论文集，但他已经将自己的实验完成了，在实验中用下转换法生成纠缠光子。因此，双粒子干涉不再仅仅是假想的实验，而是真实的实验了。并且，现在贝尔试验可以利用光束纠缠（beam entanglement）来得到理想的结果，不一定非要测量自旋和偏振。

由于塞林格和霍恩在会议上仅仅提出了双粒子干涉实验以及无需测量偏振的贝尔试验，而他们的双粒子干涉实验的理论依据要比曼德尔的简单明了，所以他们决定把自己的研究成果发表在《物理评论快报》上。西摩尼参与了论文撰写。因为这篇论文基本上是对曼德尔的突破性实验的评述，所以曼德尔本人被指定为该篇论文的评审员。从那以后，波士顿研究小组、罗彻斯特大学的曼德尔、马里兰大学的史砚华等人就双粒子干涉测量问题（利用下转换法生成纠缠光子）又进行了大量的研究。

1986 年，塞林格、霍恩、格林伯格曾商定共同撰写一篇三粒子纠缠的论文，但这计划不知怎么就被搁置下来，三人继续各自正常的研究工作。格林伯格离开了维也纳，在欧洲游历；休假研究学年结束后，他回到纽约，继续授课。两年过去了，三粒子纠缠研究方面取得的精彩成果没有得到进一步的关注。1988 年，格林伯格获得亚历山大·冯·洪堡特基金（Alexander von Humboldt

Fellowship）资助，前往德国加兴市（Garching）的马克斯·普朗克研究所，做为期8个月的访问研究。其间，他打电话给维也纳的塞林格说：“现在我有时间写了……我已经写了70页，可是还没进入正题！”这篇论文还是没能进入正式的写作阶段。格林伯格在欧洲到处访问，讲论他跟塞林格和霍恩一起研究的三粒子纠缠的特性，以及三粒子纠缠跟贝尔定理以及EPR问题的关系。1988年夏末，格林伯格参加了当年西西里岛的埃里斯会议。他在会上就三粒子纠缠问题发表了谈话，听众中有来自康奈尔大学的戴维·默明（David Mermin），也是量子物理学方面的专家。格林伯格觉得他那篇论文并没有真的引起默明的注意。

回到纽约的住处后，格林伯格就开始收到各种物理学研究小组寄来的论文，文中都借鉴了他跟霍恩和塞林格的共同的研究成果。其中有一个研究小组是以剑桥大学的迈克尔·雷得海德（Michael Redhead）为首，他们在论文中说已经改善了格林伯格-霍恩-塞林格的三粒子纠缠研究。格林伯格急忙致电塞林格和霍恩：“我们得赶紧行动了。我们的研究还没有发表，别人已经开始引用我们的成果了。”

1988年，格林伯格宣读了一篇论文，该文发表在乔治·梅森大学（George Mason University）的物理学研讨会论文集里。与此同时，戴维·默明收到了雷得海德的那篇引述了格林伯格、霍恩、塞林格的研究成果的论文。默明为其主笔的《今日物理学》（*Physics Today*）杂志的“参考”专栏（Reference Frame）撰写了一篇文章，题为《实在性的要素出了什么错？》（What's Wrong with These Elements of Reality？）。《今日物理学》是美国物理学会的新闻刊物，因此默明的文章传播甚广。这下子整个物理学界都知道“GHZ纠缠”了——尽管格林伯格、霍恩、塞林格三人的论文迟迟未能发表（在理科的许多领域中，发表在会议论文集里的论文在分量上不及发表在正式学术刊物上的论文）。实际上，该论文的其中两位作者甚至还不知道自己的成果已在研讨会上宣读，而且发表在论文集里了——格林伯格忘记把这事告诉他们了。

西摩尼对霍恩说："你和格林伯格还有塞林格证明的那个问题叫什么来着？"霍恩问："什么问题？"西摩尼把默明的文章递给霍恩看。默明在文中论述了三粒子纠缠如何更加有力地证明了量子力学中不可能存在隐变量，他明确地指出三粒子纠缠的证据是由格林伯格、霍恩、塞林格三人发现的。霍恩尚未获悉论文发表的时候，他已经收到物理学界同人发来的贺信，祝贺 GHZ 研究的成功。1990 年 11 月 25 日，克劳瑟从伯克利给霍恩寄来一张贺卡，上面写道：

亲爱的迈克尔：

你这个老狐狸！给我寄一份 GHZ 论文。默明似乎觉得这东西超级棒呢。

致信道贺的人中有物理学界的一流专家，包括诺贝尔奖得主。三位作者很快就发觉这个研究最好还是发表到正规的学术期刊上；他们邀请西摩尼一起来撰写论文，因为西摩尼也是最早关注并研究贝尔定理的人之一。1990 年，格林伯格、霍恩、西摩尼、塞林格四人联名发表了这篇题为《没有不等式的贝尔定理》（Bell's Theorem without Inequalities）的论文。不过，三粒子纠缠的证明方法以及改进后的贝尔定理仍然被称作 GHZ。[32]

用于证明 GHZ 定理的三粒子实验可以设计为测量自旋或偏振的形式，也可以设计成测量光束纠缠的形式。

三粒子纠缠最奇妙的一点，同时也是引发 GHZ 研究兴趣的主要原因，就是它可以摆脱各种冗繁的不等式，直接证明贝尔定理。

现在还有一个问题：如何在实验室里生成三个相互纠缠的光子？这可以利用一种奇怪的量子特性来实现，在塞林格等人 1997 年的一个研究提案中有相关的论述。实验设计如下图所示：

把两个纠缠光子对放入某种实验设置中，令其中一个光子对中的一个光子跟另一个光子对中的一个光子发生纠缠（即令二者变得无法区分），二者构成新的纠缠关系；俘获这个新的纠缠光子对中的一个光子，则剩余的三个光子便会彼此纠缠。三个光子之所以会发生纠缠，是由于观察者无法辨认被俘获的那个光子原先是出自哪一个光子对；去掉被俘获的那个光子，剩余的三个光子便是互相纠缠的了——真是难以置信。1999 年塞林格等人制造出了这样的实验装置。

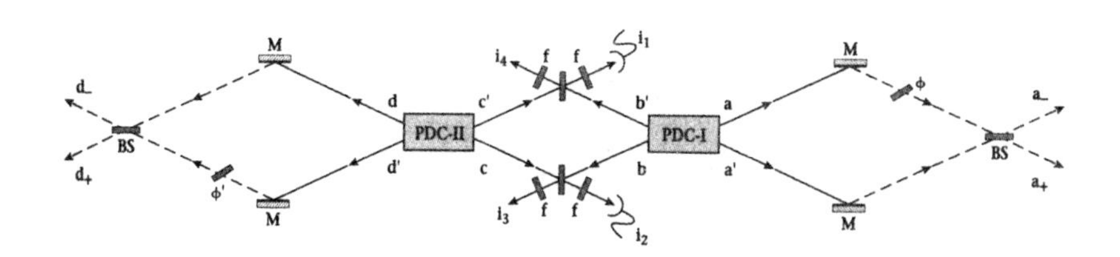

利用三粒子纠缠来证明贝尔定理的 GHZ 方法有各种通俗易懂的解释。戴维·默明、GHZ 自己，以及丹尼尔·斯太尔（Daniel Styer）（在最近的一本教科书里）都以适合普通读者的方式讲述了这种实验方法。

这些论述之所以能够通俗易懂，主要原因有二。首先，其中所提到的量子力学预测不是由公式推导出来，而是直接描述出来的，因而读者无需进行艰涩的数学推导。其次，其中只描述了跟 GHZ

有关的量子力学预测，别的问题均不涉及。下面我们要采用的一个版本，是迈克尔·霍恩2001年5月对斯通希尔学院师生所作的“杰出学人讲座”(Distinguished Scholar Lecture)。它借鉴了其他版本的论述，同时采纳了光束纠缠的方法，避免了自旋和偏振问题，进一步简化了论证过程。笔者有幸得到霍恩本人的允许和协助，以下论述出自他的演讲。

下图为GHZ光束纠缠实验设置。很明显，它是双粒子干涉测量实验转为三粒子的一种直接的扩展形式。三个半镀银的镜片（即光束分裂器，BS）均可设置为或L（左）或R（右）两个方向。镜片的方向将影响实验结果。

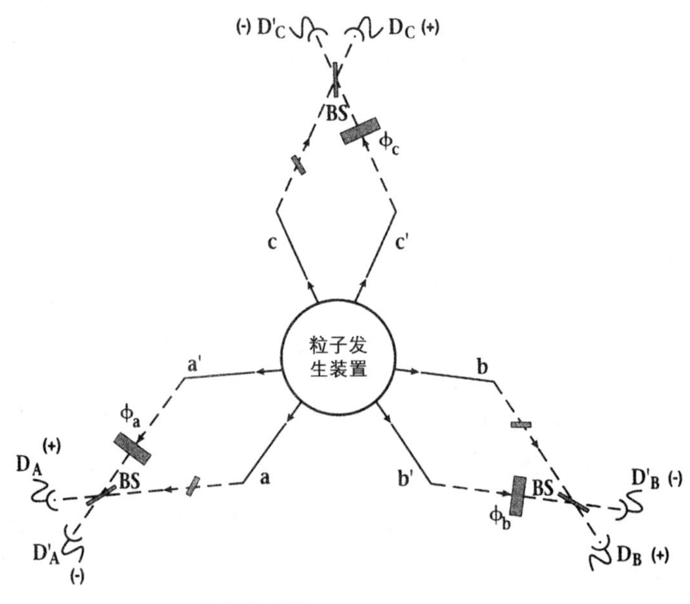

D = 探测器，BS = 光束分裂器

实验装置图的中央是一个特制的粒子源，每次可以同时发射出三个相互纠缠的粒子。因为这些粒子（或者光子）是量子物体，又是相互纠缠的，所以每一组的三个粒子都会既穿过a孔、b孔、c孔，又穿过a′孔、b′孔、c′孔。穿过三个菱形路线的时候，其中每一个粒子都会遇到一个光束分裂器（半镀银的镜片），光束分裂器的方向或为L，或为R。

量子力学的预测是，对每一个粒子来说，+1的结果和-1的结果（相当于粒子自旋方向“朝上”或“朝下”，或者光子偏振方向的“水平”或“垂直”）出现的次数是相同的：无论三个光束分裂器的方向如何设置，一半为+1，一半为-1。假如我们盯着粒子对观察，那么实验结果不会显示出什么特别有趣的花样：无论光束分裂器方向如何，A和B所呈现的各种结果（+1，+1）、（-1，-1）、（+1，-1）、（-1，+1）概率都是一样（均为1/4），其他两对粒子B和C、A和C也是这样。但是，量子力学又告诉我们，如果观察者同时观察三个粒子的行为，就会看见一种奇妙的量子舞蹈。比如说，量子力学可以预测到：若粒子B和粒子C路径上的光束分裂器方向设为L，且粒子B和粒子C均被标记为-1的探测器接收到，那么若粒子A的光束分裂器方向设为R，粒子A就必定出现在标记为+1的探测器处。这种预测非常清晰有力，其他各种不同的实验设置也可以得出同样完美的预测结果。下表是各种设置组合及其量子力学预测结果的汇总：

	光束分裂器设置			量子力学的预测结果
	A	B	C	
1.	R	L	L	0个或2个粒子出现在-1
2.	L	R	L	0个或2个粒子出现在-1
3.	L	L	R	0个或2个粒子出现在-1
4.	R	R	R	1个或3个粒子出现在-1

其他设置（如 LLL 等）与下面的讨论无关，故不一一列举。

上表右栏的预测结果是格林伯格、霍恩、西摩尼、塞林格四人根据左边的四种实验设置，用量子力学的数学方法推算出来的。第一步，当然是三粒子的纠缠态。纠缠态即为态的叠加；三个粒子各自穿过两个孔，这种叠加态可以（简单化地）记为：

$$(abc + a'b'c')$$

该算式为三粒子纠缠的数学表达，其中“ + ”代表前面提到过的“既……又……”的叠加态特性。

这个算式以数学形式描述了一种叠加态，也就是上述特定实验设置中三个粒子穿过六个孔时所体现出的纠缠态。四位物理学家由该算式出发，用数学的方法推出了表格右边的结果。细节可参见格林伯格、霍恩、西摩尼、塞林格的论文《没有不等式的贝尔定理》的附录部分，该文刊登在 1990 年 12 月的《美国物理期刊》上（*American Journal of Physics*（12），58）。请注意，即便是在这篇科学论文中，四位作者仍将从态方程推导出量子力学预测的代数运算过程放在附录部分，因为这些运算过程太冗长了，而且属于基础量子力学的范围。有兴趣（且爱好数学）的读者可以从期刊上查阅细节内容。读者必须知道的是，上面表格中给出的各种预测结果都是从量子力学中得到的，就是将量子力学的法则运用到具体的实验设置中，再结合三个粒子的纠缠态进行运算而得出的结果——仅此而已。所以，我们可以将这些推测结果作为由三粒子纠缠直接产生的正确的结果。

回到三粒子纠缠态的量子力学预测结果表格上，我们可以发现：如果光束分裂器的设置方向已知，粒子 B 和粒子 C 的观察结果也已知，那么粒子A的情况就可以准确地预测出来。例如，假定粒子B和粒子C的光束分裂器方向都设置为L，粒子B被-1探测器接收到，粒子C也被-1探测器接收到；那么，如果粒子A的光束分裂器方向设置为R，粒子A就必定被+1探测器接收到。从表格中我们还可以找到其他的完全相似关系，即光束分裂器设置成不同的方向时粒子所呈现的+1或-1的结果。简言之，只要三个光束分裂器的设置方向已知，且粒子B和粒子C的最终状态已知，粒子A的最终状态就可以被准确预测出来。

现在我们就要看到GHZ研究的最重要的部分了。要理解这个问题，要理解为什么GHZ态能够有力地验证贝尔定理并且成为贝尔定理的一种扩展形式，我们必须回到1935年的EPR论文上，重温爱因斯坦等人55年前提出的问题。

爱因斯坦等人发现理论上的双粒子纠缠中存在着惊人的完全相关性。他们认为这些完全相关性非常令人困惑——因为它们无法揭示出相互纠缠的两个物体之间先前就存在的、客观实在的特性。爱因斯坦等人是这样定义他们所认同的客观实在性的（见1935年EPR论文）：

> “假如我们能够在不干扰被观察系统的前提下确定地预测出一个物理量的值，那么就必定存在一个跟该物理量相对应的物理实在性元素。”

按照爱因斯坦的定义，粒子A最终抵达+1探测器是一个“实在性元素”，因为我们可以确定无疑地预测出这个结果，而且很明显我们只要通过设定离A很远的B处和C处的光束分裂器的方向就可以得到结果，不会对粒子A造成干扰。粒子A的最终状态是取决于A处的光束分裂器的方向，而非B处或C处的光束分裂器方向。既然粒子A抵达+1探测器是一个“实在性元素”，我们就将此元素称作A（R）。因此，A（R）即是代表A处的实在性元素，它表示当控制粒子A的光束分裂器的方向设定为R（右）时A处的最终状态。粒子A最终抵达+1探测器，这个结果可以记作：A（R）=+1。在其他的位置以及其他实验设置中得到的结果也是用同样的方法表示，因此依照爱因斯坦的定义我们一共可以得出六个实在性元素：A（R）、B（R）、C（R）、A（L）、B（L）、C（L）。其中每一元素的数值或为+1，或为-1。

现在来看GHZ定理：

假设爱因斯坦的实在性元素确实存在，且可以用于解释前文表格里那些不可思议的量子力学预测结果（1999年塞林格实现了三粒子纠缠实验，实验结果证明量子力学的预测是正确的）。量子力学的四种预测结果（1、2、3、4）给六个实在性元素带来了以下限制条件：

1. A（R）B（L）C（L）=+1
2. A（L）B（R）C（L）=+1
3. A（L）B（L）C（R）=+1
4. A（R）B（R）C（R）=-1

以上四个表达式是这样得来的：在第一个表达式中，实验设置为RLL，根据前文表格中的量子力学预测结果，“0个或2个粒子出现在-1”，因此A（R）、B（L）、C（L）这三个实在性元素中有0个或2个元素的值等于-1。把三个元素的值相乘，可以得到：1 × 1 × 1=0（其中0个粒子出现在-1探测器）或者1 ×（-1）×（-1）

= 1（其中 2 个粒子出现在 −1 探测器；三个值排列顺序不论）。同理，第二个和第三个表达式中三个元素值的乘积也等于 1，因为或者三个元素值皆为 1（0 个粒子出现在 −1 探测器），或者其中有两个元素的值等于 −1（两个粒子出现在 −1 探测器）而第三个元素值为 + 1。

在第四个表达式中，量子力学预测结果为“1 个或 3 个粒子出现在 -1 探测器”，因此三个实在元素 A（R）、B（R）、C（R）的乘积可能是：−1 乘以两个 + 1，或者三个 −1 相乘。无论哪种情况，−1 都为奇数个，所以乘积皆为 −1。

现在，问题要来了：将前三个等式相乘。左边的算式相乘结果为：

$$A(R)A(L)A(L)B(L)B(R)B(L)C(L)C(L)C(R) = A(R)B(R)C(R)$$

以上等式右边所不含的三个元素 A（L）、B（L）、C（L），在等式左边各出现两次；这三个元素的值或为 + 1，或为 −1；当这样的项在算式中出现两次时，它自己跟自己的乘积必定等于 + 1，因为（ +1 ）×（ +1 ）= + 1，（−1）×（−1）= + 1。

接下来，把前三个等式的右边相乘，可得（ + 1 ）×（ + 1 ）×（ + 1 ）= + 1；因此，A（R）B（R）C（R）= + 1。

而我们从量子力学推出的第四个等式却是：A（R）B（R）C（R）= −1。

这里出现了矛盾。因此，如果量子力学是正确的，爱因斯坦的“实在性的元素”及定域性就不可能存在。量子力学框架中是不能容许有隐变量的。纠缠粒子之所以产生它们奇妙的行为，并不是因为它们被“预先设定”成某种模式：如果粒子的行为符合量子论的规定，这种所谓的“预设”就不可能成立。GHZ 定理表明，纠缠粒子无论执行什么样的指令集，都会不可避免地发生自相矛盾，因此纠缠粒子不可能是按照预先设定的指令来行动的。相互纠缠的粒子远隔千山万水却能彼此协调行动，就是要让我们知道量子论所预言的结果确实会发生。这就是量子纠缠的魔法。

此外，真实的实验已经显示量子论是正确的，因此爱因斯坦的定域实在论错了。较之原版的贝尔定理，GHZ 定理用更为直接、更简易的非统计学的方法证明了量子论与定域实在论之间的矛盾。

霍恩跟我谈起过去的研究工作，谈到他跟他的合作伙伴们一起提出 GHZ 实验乃至最终发现 GHZ 三粒子纠缠态的经过时说：“我们在整个合作过程中从来没有发生任何竞争。真是太美好了。我们很幸运，能找到这样一个研究领域，很少有人涉足其中。所以无论是谁，只要对量子力学基本原理中的同样问题有兴趣，大家都会表示欢迎。”

这几位物理学家和谐地共同努力着，为现代物理学做出了极其重要的贡献。他们的研究在接下来的数年中将得到延伸和拓展，引发技术上的重大革新，而这些随之产生的新技术在几年前还仅仅存在于科幻小说家们想象中。

博罗梅安环（Borromean rings）得名于博罗梅奥（Borromeo）家族。博罗梅奥家族是意大利贵族，拥有位于意大利北部马焦雷湖上的美丽的博罗梅安岛。他们家族的纹章是由三个圆环构成的，三个圆环之间的互相套联十分巧妙：只要其中任何一个圆环断开，另外两个圆环就不能保持相联。博罗梅安环可以用来代表“团结则存，分裂则亡”（United we stand，divided we fall.）的意思。物理学家阿拉文德（P. K. Aravind）研究过量子纠缠，发现了量子力学中各种纠缠态与各种拓扑学中扭结（topological knot）之间的联系。阿拉文德特别提出，GHZ 三粒子纠缠态跟博罗梅安环之间存在一一对应的关系。博罗梅安环如下图所示：[33]

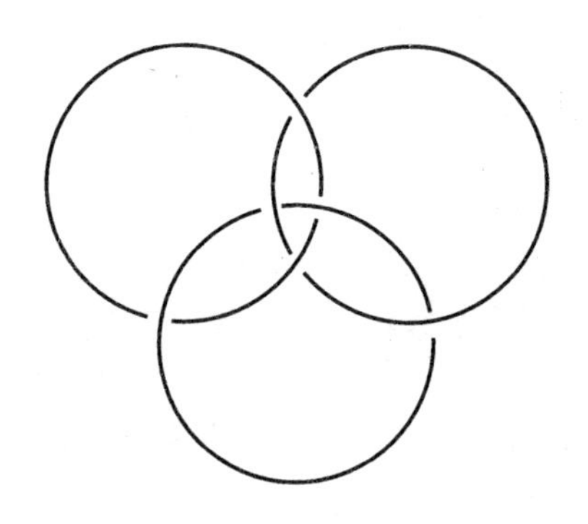

阿拉文德的论证是通过在一个特定方向（z 方向）测量纠缠粒子的自旋而得出的。他还证明出：如果在另外一个方向（x 方向）上测量三个纠缠粒子的自旋，那么纠缠态就会发生改变。这时的纠缠态不再跟博罗梅安环相似了，而是变得像霍普夫环（Hopf ring）。三个霍普夫环也是互相套联的，若其中一个环断开，其余两个环仍然套联在一起。霍普夫环如下图所示：

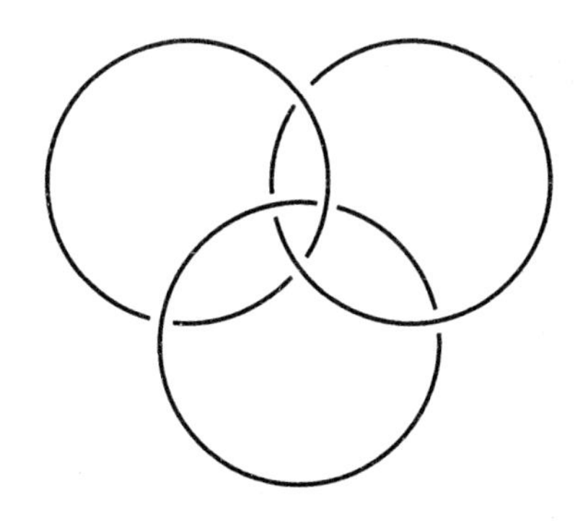

阿拉文德还证明了一般的 n 粒子 GHZ 纠缠态可以看作三个博

罗梅安环的扩大化。这种多粒子相互关联的状态类似于下图中环环相联的链条。

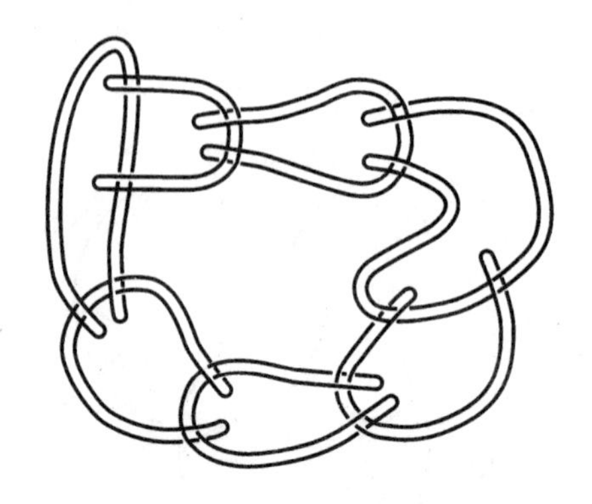

格林伯格仍旧不时地走访波士顿的霍恩和维也纳的塞林格，因此他们三人之间继续保持着亲密友好的纠缠态。在奥地利，格林伯格同维也纳大学塞林格的研究小组一起做研究；该研究小组进行了大量有关量子行为和纠缠态的最前沿的研究，其中包括隐形传态。后来，格林伯格还参加了该研究小组举办的一场聚会，在聚会上结识了薛定谔的女儿，跟她一起到场的是薛定谔的孙子（不是此前提到的薛定谔女儿所生的）。这位年轻人也是塞林格研究小组的成员，他是在长大成人并且自己也成为量子物理学家之后，才知道自己的祖父就是大名鼎鼎的物理学家薛定谔。

第十八章

十千米实验

"两个独立的物体，各自的物理态最大限度地为我们所了解，它们进入了相互作用后再度分离的状态，那么我们对这两个物体的了解便会有规律地产生我所谓的'纠缠态'。"

——埃尔文·薛定谔

人类对神秘的纠缠现象的探索，掀开了新的篇章，主角是日内瓦大学的尼古拉斯·吉辛（Nicholas Gisin）。1952年，吉辛出生于日内瓦。他在日内瓦大学学习理论物理学，取得了博士学位。吉辛对纠缠态的奥秘一向很感兴趣。1970年，他在CERN（欧洲原子能研究中心）认识了约翰·贝尔，非常喜欢贝尔的人品，后来他说贝尔思维敏捷，令人钦佩。吉辛很快就意识到贝尔的研究是理论物理学上的重大突破，他撰写了数篇讨论贝尔定理的理论文章，论证了各种重要的量子态。接着，他在罗彻斯特大学待了几年，结识了光学研究领域的几位先驱：伦纳德·曼德尔（Leonard Mandel，光学界的传奇人物）和埃米尔·沃耳夫（Emil Wolf）。

此后吉辛回到日内瓦，在工业部门工作了4年，他很幸运地把对量子力学的热爱同光纤技术结合了起来。光纤技术和量子理论之间建立的联系，在日后新的纠缠态研究中至关重要；另外，他还跟电信公司建立了联系，也对将来的研究大有助益。吉辛再度回到日内瓦大学，着手设计实验，检验贝尔不等式。

20世纪90年代，克劳瑟、弗里德曼等人已经率先用实验得到了违背贝尔不等式的结果；阿莱恩·阿斯派克特将这项研究推进了一大步，第一个证实了假如从实验设置的一点要向另一点发送信号，其传播速度必须大于光速，而这种信号是不可能存在的。阿斯派克特的实验是在实验室里进行的，在他之后，安东·塞林格等人在奥地利将纠缠态实验的规模扩大到数百米的范围，跨越实验室周边的好几个建筑物。他们的实验设计如下图所示：

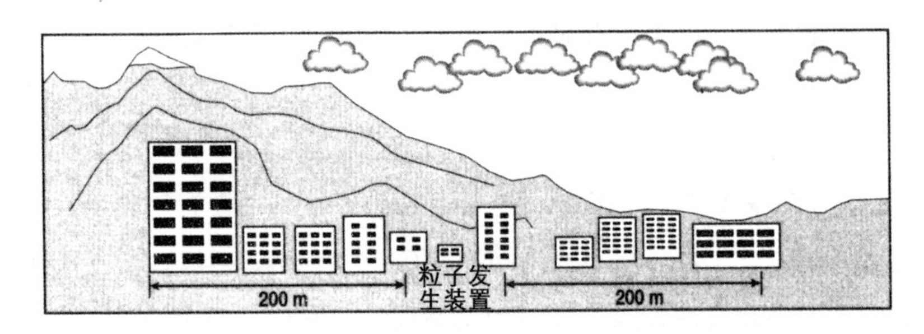

吉辛研究得更深入。他先是设计了一个实验，在他自己的实验室里进行，该实验中纠缠光子的运动距离为35米。

因为他跟电信公司有来往，所以得到了他们的热情支持，帮助他实施另一项十分艰巨的实验。该实验规模空前：吉辛的光子实验不是在空气中进行，而是在一根光缆中进行。光缆两端之间的直线距离为7英里（10.9千米），若算上其间的弯曲转折，总长度有10英里（16千米）。吉辛对可能出现的两种实验结果不带任何偏好，无论是量子力学正确，还是爱因斯坦等人的观点正确，他都会感到欢欣鼓舞。实验结果有力地证实了纠缠现象的存在，证实了爱因斯坦最不愿看到的“诡异的远距离作用”的存在。贝尔的不等式又一次被用来证明了非定域性。在吉辛的实验设置中，若一信号是从光缆的一端发向另一端，告诉一个光子其纠缠光子遇到的是何种设置，该信号就必须是以一千万倍于光速的速度传播。该实验的设置图如下：

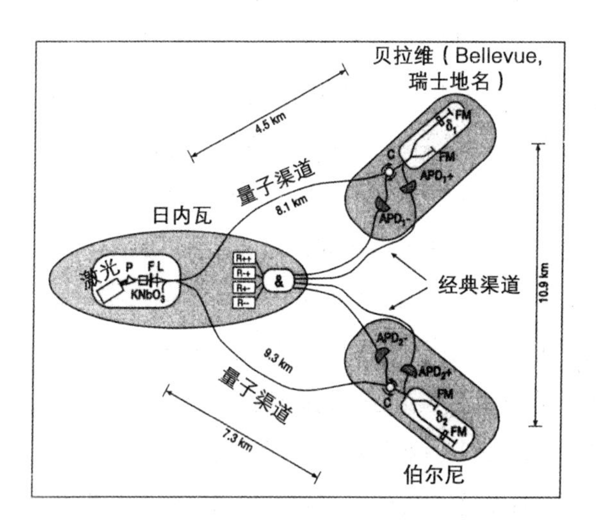

跟其他一些物理学家一样，尽管吉辛认为不能用纠缠现象排除发送传播速度高于光速的可读信号的可能性，它还是违背了狭义相对论的精神。因此他想在相对论的框架下检验纠缠态。他做过一个实验，在光缆的两端放置黑色吸收面，用来令波函数塌缩（collapse）。光缆的两端相距数千米，纠缠光子将穿过光缆出现在两端，置于光缆两端的黑色吸收面将以极快的速度移动。通过操控以上实验设置，我们便可以用不同的相对论参考系来研究纠缠现象了。根据狭义相对论，时间本身就是可以被操控的：每一个光子抵达终点的时间可以是不同的。在一个实验中，一个光子对中的一个光子先抵达终点，而在另一个实验中其孪生光子则也会先到达终点。这种利用了移动参考系的复杂实验非常有力地证实了非定域的纠缠现象以及量子力学预测的正确性。

20 世纪 90 年代，量子技术领域爆出一条特大新闻，那就是量子密码术。量子密码术中利用了量子纠缠原理，是牛津大学的阿瑟·埃克特（Arthur Ekert）于1991年提出的。量子密码术的提法并不是非常妥当，因为密码术是给信息加密的技术，而量子密码术则通常是指用于规避和侦测窃听行为的技术。量子纠缠在这种新技术中扮演了非常重要的角色。吉辛的瑞士电信公司的合作伙伴对这方面的研究很有兴趣，因为量子密码术有助于建立安全的通讯网络。吉辛进行了量子密码术研究，他在最近的一项实验中实现了在日内瓦湖水下16英里（25千米）的距离内传送安全信息。吉辛为其密码术方面的重大成果感到十分振奋，这些成果有的利用了量子纠缠，有的是利用其他方法。他相信这一技术领域已经发展成熟，量子密码术可以投入商业用途，就像在他的实验中那样在不同距离间传输信息。吉辛还在美国新墨西哥的洛斯阿拉莫斯（Los Alamos）做过研究，那里有一批美国科学家在从事量子计算方面的研究，这也是一种刚刚提出的新技术，如果成功的话，将会利用纠缠粒子。

第十九章
隐形传态：“斯科特，开始传送！”

“量子纠缠——连同叠加态——是量子力学中最奇怪的问题。”

——威廉·菲利普斯（William D. Phillips）

量子隐形传态在不久前还仅仅停留在假想实验的阶段，从未在真实的世界里成功地实施过。而在1997年，有两个科学研究小组成功地实现了隐形传输单粒子量子态的梦想。

量子隐形传态是指将一个粒子的状态转移到另一个粒子上，这第二个粒子可能在遥远之处，实际上就是将头一个粒子隐形传输到另一个位置。这跟《星际旅行》中“伟业号”飞船上的斯科特把科克舰长隐形传送回飞船是一个道理，当然目前来讲这种真人的隐形传输只存在于科幻小说里。

隐形传态是我们所能想到的对纠缠现象最精彩的应用。有两个国际研究小组，一个是以安东·塞林格为首的维也纳小组，另一个是以弗朗西斯科·德·马蒂尼（Francesco De Martini）为首的罗马小组，将隐形传态从想象变成了现实。他们采纳了查尔斯·贝内特（Charles Bennett）1993年发表的一篇物理学期刊论文中的提议，贝内特在文中指出隐形传输一个粒子的量子态是有可能实现的。

物理学家们对隐形传态的思考，是源于20世纪80年代由威廉·伍特斯（William Wootters）和朱瑞克（W.Zurek）论证的单个量子不能被克隆的问题。伍特斯和朱瑞克所提出的“不可克隆定理”认为，我们无法在保持一个粒子的状态不被改变的前提下，将该粒子的状态复制到另一个粒子上。因此，我们不可能发明一种量子态复制机，将一个粒子的所有信息都复制到另一个粒子上去，同时保持第一个粒子的状态不被改变。因此，若要将一个粒子的所有信息复制到另一个粒子上，物理学家们所能想到的唯一方法，就是让第一个粒子上所有被复制的信息消失。这个假想的物理过程日后被称作隐形传态。

这篇描述塞林格研究小组的精彩的隐形传态实验的论文，题目叫《量子隐形传态实验》(Experimental Quantum Teleportation)，作者是布迈斯特（D. Boumeester)、潘建伟（J.-W. Pan)、马特尔（K. Mattle)、艾伯（M. Eibl)、韦恩弗特（H. Weinfurter)、塞林格（A. Zeilinger)，发表在著名的《自然》杂志1997年12月号上。文中写道：

> “隐形传态的梦想，就是指能够在某个遥远的地点以简单重现的方式实现位移。被隐形传输的物体是可以通过其特性来界定的，在经典物理学中可以通过测量来确定。要复制出远距离之外的那个物体，并不需要取得原物体的所有部件——只需要将该物体的有关信息传送过来，用这些信息来重新构建出原物体即可。但问题是，这样构建出来的副本，在多大程度上能够等同于原物体呢？假如这些构成原物体的部件是电子、原子、分子，结果又当如何？”论文作者们讨论说，由于构成大件物体的这些微观组成元素都遵循量子力学法则，因而海森堡的不确定性原理就决定了对它们的测量不可能达到主观希望的

那种精确度。贝内特等人在发表于1993年《物理评论快报》上的一篇论文里提出了隐形传态的想法，认为将一个粒子的量子态转移到另一个粒子上——即量子隐形传态——是有可能的，只要实施隐形传态的人在整个过程中**不获取有关量子态的任何信息**。

观察者获取的任何信息都会影响到粒子的状态，这似乎很荒谬，但是根据量子力学，只要对粒子进行观察，该粒子的波函数就会被塌缩。比如说，动量和位置之类的物理特征是绝不可能被准确测定的。一旦进行了测量（或用别的什么方式掌握了），量子物体就不再处于量子系统所原有的那种模糊的状态，因此其自身携带的信息也同时在被获取的过程中破坏了。

贝内特等人想出了一个绝妙的办法，可以在无需测量（即塌缩波函数）的情况下将一个量子物体所带的信息转移出去。这个办法就是利用量子纠缠。隐形传态是这样实现的：

爱丽丝（Alice）有一个粒子，其量子态Q未知。爱丽丝要让远方的鲍勃（Bob）得到一个跟她的粒子具有相同物理态的粒子，也就是说，爱丽丝要让鲍勃得到一个量子态同为Q的粒子。如果爱丽丝对她的粒子进行测量，她的测量是不可能得出充分结果的，因为Q不可能被完全测定。这一方面是由不确定性原理决定的，另一方面是由于量子个体在同一时刻都是处于多种状态构成的叠加态中。一旦进行了测量，该粒子就会被迫呈现出叠加态中的一种状态。量子力学的这种投影假说（projection postulate）使爱丽丝无法通过测量获得粒子的状态Q

中所包含的全部信息，而鲍勃必须掌握这些信息才能够在他的粒子上重建状态Q。在量子力学里，对一个粒子的观察会毁坏它携带的某些信息内容。

贝内特等人认为，这个难题可以用一个非常巧妙的方法来解决。他们恰恰发现了能够让爱丽丝将其粒子状态Q隐形传输给鲍勃的投影假说。这种隐形传态的行为能够将爱丽丝的粒子的状态传给鲍勃，同时毁掉她手中的粒子的量子态。这个过程是利用一对纠缠粒子来实现的，其中一个粒子在爱丽丝手里（这不是她要传输的那个量子态为Q的粒子），另一个在鲍勃手里。

贝内特等人指出，用于重建物体状态的全部信息可以分成两个部分，一部分是量子信息，另一部分是经典信息。量子信息可以利用量子纠缠即时传递，但是若没有经典信息，量子信息就无法使用，而经典信息必须由经典渠道来传输，传输速度不能超过光速。

因此，隐形传态必须包含两种渠道：一是量子渠道，一是经典渠道。量子渠道由一对纠缠粒子组成，一个在爱丽丝处，一个在鲍勃处。两个粒子间的纠缠态便是爱丽丝和鲍勃之间的看不见的联系。这种联系非常脆弱，必须把纠缠粒子对与环境隔离开来才能得以保存。现在又有一位实验员查理（Charlie），给了爱丽丝另外一个粒子，这个粒子的量子态才是要从爱丽丝处传到鲍勃处的信息。爱丽丝不可能在读取信息之后再传给鲍勃，因为根据量子力学规则，读取信息（即测量）的行为会不知不觉地改变信息本身，从而导致无法获取全部的信息。爱丽丝测量到查理给她的粒子和她手里那个与鲍勃的粒子相纠缠的粒子这两个粒子的联合特性。因为纠缠的关系，鲍勃的粒子立即做出反应，传达出爱丽丝处的量子信息——其余的信息则由爱丽丝通过测量用经典渠道传递给鲍勃。这部分信息会告诉鲍勃应当如何处置他手里的纠缠粒子才能完完全全地将查理的粒子状态变成他自己的粒子状态，从而完成对查理的粒子的隐形传态。值得注意的是，无论是爱丽丝还是鲍勃都不知道在这过程中被传送和接收的量子态是什么，他们只知道量子态已经被传送了。这个过程可以用下图来表示：

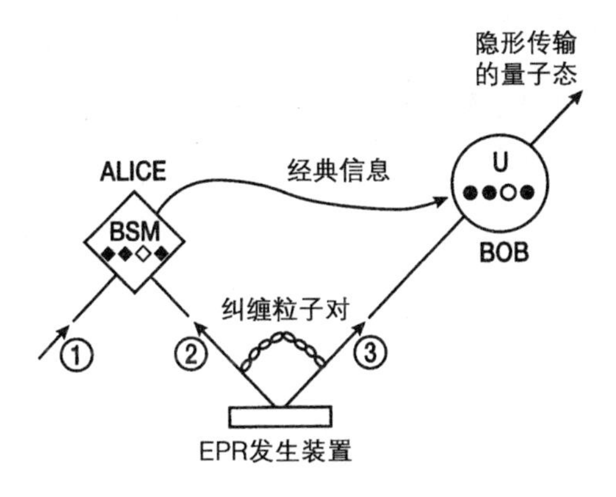

隐形传态能否应用在较大的物体上，比如人的身上？物理学家一般都不愿意回答这样的问题，他们认为这种问题超出了今天的物理学范围，可能只是一种科学幻想。但是，有许多科技方面的进步在成为现实以前，都曾被视为幻想。奇异的纠缠态也曾一度被看作是奇思怪想，后来科学却证明了那是一种真实的现象。

假如对真人或者别的大件物体进行隐形传态是可能的，我们能否想象一下传输过程会是怎样的呢？这个问题，连同前面那个问题，已经触及了物理学中最重大的悬疑：我们日常生活中所认识的宏观世界与光子、电子、质子、原子、分子等所在的微观世界之间的分界线究竟在哪里？

从德布罗意的研究中我们已经知道，所有粒子都具有波的特性，粒子所带的波长是可以计算的。因此，理论上，连人都可以带有波函数（这里又出现一个理论问题，即人或者别的宏观物体不是处于某种单纯的状态，而是处于多种状态组成的混合态中，但这不在本书的讨论范围内）。如何对人进行隐形传输的问题，可以换一种提法：人究竟是一种由大量基本粒子构成的集合体（其中每一个粒子都有自己的波函数），还是一个单一的宏观物体（带有一个波函数，波长极短）？到目前为止，无人能够清楚地解答这个问题，因此隐形传态仅仅在微观世界里才是真实的现象。

第二十章

量子魔术：这一切究竟说明了什么

“由贝尔定理所得出的结论从哲学意义上看是十分惊人的；我们要么必须完全放弃现在大多数科学家所持定的实在观，要么必须彻底更新我们的时空观念。”

——阿伯纳·西摩尼、约翰·克劳瑟

“别了，实在性要素！”

——戴维·默明

纠缠态究竟是什么意思？它反映了世界以及时空的什么样的本质？这里面也许包含了物理学最难回答的问题。

纠缠现象颠覆了我们从日常感官体验所得来的有关世界的观念。这些观念根深蒂固，就连二十世纪最伟大的物理学家爱因斯坦也无法摆脱其影响，他坚信人们习以为常的“实在性要素”是一切真实的物理现象所必须具备的，因而一口咬定不包含“实在性要素”的量子力学是“不完备”的。爱因斯坦认为，在一个地点发生的状况，不可能同一时刻直接影响到另一个遥远地点的状况。要想理解，甚至仅仅是接受纠缠态以及其他相关的量子现象，我们必须首先承认我们的宇宙实在观是不完备的。

纠缠态告诉我们，单凭日常生活经验是无法理解微观世界的，因为微观世界的现象我们不能直接体验到。格林斯坦（Greenstein）

和扎约卡（Zajonc）在《量子挑战》(*The Quantum Challenge*）一书中举例说明了这个问题。把一个棒球向一面墙壁击出，墙上开有两扇窗，棒球不可能同时穿过两扇窗户飞出房间，这个道理连小朋友都明白。但是，若有一个电子、中子，抑或原子，遇到一个开有两道狭缝的屏障，该粒子便会同时穿过两条狭缝来到屏障的另一面。因果律以及一个物体在同一时刻不可能处于多个位置的观念，在量子论面前土崩瓦解。而叠加的概念——即“同时处于两个位置”——则与纠缠现象相伴相生。更加奇妙的是，纠缠态甚至否定了空间分离的意义。“纠缠”可以说是关于两个或两个以上粒子的叠加原理。纠缠态就是两个或两个以上粒子的状态的叠加，其中诸粒子可以视为一个整体。对这样一个体系来说，我们所知道的“空间上的分离”不复存在。两个粒子可能相距数公里乃至数光年，却可以协调一致地行动：其中一个粒子发生的任何变化都会同时引起另一个粒子相应的变化，无论它们之间距离有多遥远。

我们为什么不能利用纠缠态来实现超光速信息传送呢?

纠缠态也许是违背了相对论的精神，但是并不意味着我们能够利用纠缠态来进行超光速的信息传送，两者不可混为一谈，这里面包含了量子现象最本质的问题。量子世界从根本上说是随机性的。当我们进行测量的时候，量子系统就被迫选择了一个实际值，从而脱离了模糊状态进入一个特定的点。所以，当爱丽丝在某个特定方向上测量粒子的自旋（或者是在特定方向上测量光子的偏振）时，她自己是无法选择测量结果的。测量结果必定是“朝上”或者“朝下”，但爱丽丝是无法预知具体结果究竟是哪一个。爱丽丝一旦进行测量，鲍勃的粒子或者光子便会同时被迫呈现出一种特定状态

（就粒子而言，是对同一测量方向的反向自旋；就光子而言，是相同的偏振方向）。因为爱丽丝无法决定自己的实验结果，所以她不能够给鲍勃传递任何有意义的信息。两个粒子由于纠缠的关系，会发生以下情况。爱丽丝可以任选一种方案对粒子进行测量，无论她采取什么测量方案，都会得到一个结果，但她无法预知自己将要得到的结果是什么。同样，鲍勃也可以任意选取一种方案进行测量，他也无法预知自己的测量结果。但是，由于两个粒子是相互纠缠的，如果他们恰好选择了同样的测量方案，比如测自旋方向，那么他们各自无法预知的实验结果必将是相反的。

> 只有将爱丽丝和鲍勃的实验结果进行比较之后（用传统的通讯手段，信息传递速度不能超过光速），才会看到二者之间的巧妙的吻合。

从表面上看，强相关性没有什么不对头；我们尽可像爱因斯坦那样用“实在性要素”来解释它。可是贝尔定理却告诉我们这种做法是行不通的。

阿伯纳·西摩尼曾把纠缠态戏作“远距离感应”（passion at a distance），目的是要避免造成一种误解，让人以为可以利用纠缠态来实现超光速的信息传送。西摩尼认为，在纠缠的问题上，量子力学和相对论还是可以“和平共处”的，因为从严格意义上说纠缠态并没有违背狭义相对论（信息传送的速度是不可能超过光速的）。不过，别的物理学家则认为纠缠态还是违背了“相对论的精神”，因为在两个相互纠缠的粒子之间有“某种东西”（不管它究竟是什么），其传播速度确实超过了光速（实际上它的速度是无穷大的）。

约翰·贝尔后来也持这种观点。

也许，理解纠缠态的一种方法就是干脆避开相对论，而且不要把发生纠缠的两个物体想象成会相互“传递信息”的两个粒子。史砚华在一篇题为《量子纠缠》的论文中说，因为两个纠缠粒子（从某种意义上说）并非各自分离的实体，所以也不存在 EPR 所指出的那种对不确定性原理的公然违背。

纠缠粒子是不受空间限制的。彼此纠缠的两个或者三个粒子其实都是一个量子系统的组成部分，而且该系统不会受到其组成部分之间的空间距离的影响。这个系统会像一个单独的实体一样行动。

量子系统的特性最早是通过数学计算发现的，这是探索纠缠态的过程中最奇妙的一点。如此离奇诡异的特性竟是用数学的方法揭示出来的，实在非常惊人，同时这也令我们更加相信数学工具的卓越能力。借助数学发现了纠缠态之后，聪明的物理学家们又用种种巧妙的实验来证明这一惊人的现象确实会发生。然而，纠缠态究竟是什么，它是如何发生的，这些问题科学尚且无法回答。因为要理解纠缠态，我们这些习惯于实在性的人类总不免诉诸“实在性要素”，就像爱因斯坦所坚持的那样，但是贝尔以及证明贝尔定理的实验却告诉我们，那所谓的“实在性要素”根本就不存在。取代实在性要素的，就是量子力学。可是，量子力学并没有告诉我们为什么：为什么粒子会发生纠缠？所以，只有在我们回答了约翰·阿奇博尔德·惠勒的问题——“为什么说是量子？”——之后，才能真正理解纠缠态。

致　谢

我非常感谢波士顿大学物理学系和哲学系荣誉教授阿伯纳·西摩尼，在本书筹备过程中，他耗费大量时间来帮助我，鼓励我，支持我。阿伯纳慷慨地让我借阅许多论文、书籍、会议论文集，甚至提供他私人收藏的有关量子力学以及纠缠态的书信和手稿。我对纠缠态以及量子魔术有无数的疑问，阿伯纳不遗余力地一一作答，为我解释神秘的量子世界里许多难以理解的数学和物理学问题，给我讲述他自己探索纠缠态的过程，还告诉我此过程中的许多趣闻轶事。阿伯纳和我用了很多时间来探讨量子力学，有时在他家里，有时在驾车途中，有时在饭店边喝咖啡边聊，有时在散步的过程中，有时甚至是在深夜里用电话讨论。他帮助我修正书中的细节，为我审读书稿，还提出许多有益的修改建议，对他为本书写作所付出的关爱和心血，我深表谢意。

我还要在此深深地感谢马萨诸塞州斯通希尔学院物理学教授迈克尔·霍恩，他为我详细讲述了他跟阿伯纳·西摩尼共同设计实验验证贝尔不等式的经过，他的单粒子、双粒子、三粒子干涉研究，还有他跟丹尼尔·格林伯格、安东·塞林格合作完成的重大研究成果——著名的 GHZ 实验。迈克尔在我筹备本书的过程中用了大量时间来解答我的问题，并且帮助我找到重要的论文和实验报告，为此我感激不尽。迈克尔细心地审读了我的手稿，修正了我的许多错误和不准确的论述，还提出许多修改意见。另外，我还要感谢他允许我在本书中使用他在斯通希尔学院杰出学者讲座中提到的三粒子纠缠实验。谢谢你，迈克尔！

我十分感谢奥塞的巴黎大学光学研究中心的阿莱恩·阿斯派克特，他为我讲解了他的重要研究，解释了纠缠态几个精微的理论问题。阿莱恩让我参观了他的实验室，告诉我他那一系列重大的实验是如何设计出来的，他是如何亲自制造出复杂的实验设备，又是如何用纠缠光子取得惊人的实验结果的。我要感谢阿斯派克特教授付出的时间和努力，还有他对物理学的热情。Merci，AA.（merci 为法语，意思是“谢谢”；AA 为阿莱恩·阿斯派克特英文姓名的首字母组合——译者注）。

约翰·克劳瑟与迈克尔·霍恩、阿伯纳·西摩尼、理查德·霍尔特合作完成了著名的 CHSH 论文，在此基础上，克劳瑟和他的同事斯图亚特·弗里德曼率先设计出验证贝尔理论的实验方案，1972 年在伯克利实施了该实验。感谢约翰·克劳瑟与我分享他的实验结果，他提供了多篇纠缠态方面的重要论文，还多次接受我的访问，给了我很多启发。

克劳瑟和阿斯派克特的实验取得成功以后，在接下来的几年里世界各地的物理学家们也纷纷进行实验，证明纠缠粒子和纠缠光波的存在，取得了进一步的成果。日内瓦大学的尼古拉斯·吉辛生成了远距离的纠缠光子，他用实验显示了相距 10 千米的光子的纠缠态，还研究了纠缠态的种种特性以及这些特性在量子密码术等方面的应用。在贝尔定理方面吉辛也有重要的理论成果。尼古拉斯·吉辛慷慨地与我分享了他的研究成果，提供了日内瓦大学研究小组的许多论文，还多次通过交谈给我大量信息，为此我由衷地表示感谢。

纠缠态的意义是十分深远的，科学家们目前正在探索纠缠态在量子计算和隐形传输中的应用。维也纳大学的安东·塞林格正是这一领域的领军人物。他和同事们已经证明了远距离传输是可能的，至少用光子是可以实现的。安东·塞林格的研究工作历时数十载，其中包括开拓性的三粒子纠缠实验，与格林伯格、霍恩共同完成的 GHZ 论文，以及纠缠交换等等揭示微粒世界奇异现象的实验。我非常感谢安东提供的大量有关研究及成果的信息。另外，我还要感谢维也纳塞林格研究小组的成员安德里亚·安格里伯特（Andrea Anglibut）女士，她为我提供了研究小组的大量论文和资料。

感谢普林斯顿大学的约翰·阿奇博尔德·惠勒教授，他在他缅因州的富所接待了我，跟我讨论量子力学中许多重要的问题。惠勒教授慷慨地分享了他对量子力学的思考，讨论了如何借助量子力学来理解宇宙运作的问题。他把量子力学摆在一个更为广阔的物理学和宇宙学的背景下，给我们带来许多重要的启示，帮助我们进一步思考爱因斯坦、玻尔等人提出的问题：物理学的意义是什么？物理学在人类探索自然的活动中起到什么样的作用？

感谢马里兰大学史砚华教授，他接受我的访问，介绍了他自己的纠缠态实验、远距离传输实验、自发参数下转换方法等研究工作，非常有趣。史教授和他的同事们用实验证明了纠缠态的多种效应，实验结果十分惊人，他们在这方面的贡献巨大。谢谢砚华提供的大量研究论文。

感谢纽约市立大学丹尼尔·格林伯格教授，他为我提供了奇妙的 GHZ 实验的资料，简明生动地解释了他跟霍恩、塞林格共同完成的对贝尔定理的理论证明。谢谢丹尼尔提供的大量信息。

感谢马萨诸塞州威廉姆斯学院威廉·伍特斯教授接受我的访问，他生动地介绍了他自己的研究工作以及与朱瑞克共同发现的

“不可克隆定理”。伍特斯–朱瑞克定理证明了在复制粒子状态的同时又能保持原粒子状态不变的量子“复制机”是不存在的，这一发现给量子力学带来了许多重要的启示，其中包括隐形传态。

感谢罗彻斯特大学的埃米尔·沃耳夫教授，他跟我讨论了光的神秘现象，介绍了他研究工作中的重要细节，同时也介绍了他从前的同事伦纳德·曼德尔的研究工作，曼德尔取得的开创性成果揭示了纠缠光子许多难以理解的特性。

感谢麻省伍斯特理工学院阿凡德（P.K.Arvind）教授与我分享他的纠缠态研究。阿凡德教授发表了大量理论文章，揭示了贝尔定理的重要推论及纠缠态所带来的惊人的成果。谢谢 P.K.，谢谢你与我分享你的研究成果，为我解释量子力学中的某些问题。

感谢麻省汉普郡学院赫伯特·伯恩斯坦接受我的访问，跟我讨论纠缠态的意义。我还要感谢赫伯特为我解释了由埃尔文·薛定谔首创的用以描述纠缠现象的术语的德语词源和意义。

感谢美国国家标准与技术研究所的诺贝尔物理学奖获得者威廉·菲利普斯（William D.Phillips）博士，他跟我讨论了量子力学以及纠缠现象的奥秘，还讲述了他在量子力学研究中一些有趣的细节。

Claude Cohen-Tannoudji 博士跟我在巴黎见过面，他跟我进行了很长时间的讨论，给了我很多信息。Cohen-Tannoudji 是经典教材《量子力学》的作者之一，该教材经几位作者精心修订，历时五年方才完成。我感谢他友善热情地与我分享了他的专业知识。

感谢物理学博士玛丽·贝尔——约翰·贝尔的遗孀——帮助我整理有关其先夫生平和研究的资料。

感谢哥本哈根尼尔斯·玻尔研究所弗利希蒂·珀斯（Felicity

Pors）女士，她帮助我取得了尼尔斯·玻尔等物理学家的历史照片的使用权。

本书若有任何错误或晦涩难解之处，均当由笔者一人承担责任，与上述专家学者无关。

感谢本书出版者——我的朋友约翰·奥克斯（John Oakes），在我写作的过程中他给予我很多鼓励和支持。感谢纽约四墙八窗出版社的编辑人员：凯瑟琳·贝尔登（Kathryn Belden）、乔菲·弗拉里-阿德勒（Jofie Ferrari-Adler）、约翰·贝伊（John Bae），谢谢他们每一位在本书出版过程中的帮助和贡献。我还要感谢我的太太狄波拉，感谢她的帮助和鼓励。

注 解

1. 请注意，因果关系在量子力学中是非常微妙和复杂的概念。

2. *The New York Times*，May 2，2000，p.F1.

3. Richard Feynman. *The Feynman Lectures*. Vol. III. Reading，MA：Addison-Wesley，1963.

4. 据 Abraham Pais. *Niels Bohr's Times*. Oxford：Clarendon Press，1991.

5. 本章大量传记资料出自 Walter Moore. *Schrödinger*：*Life and Thought*. New York：Cambridge University Press，1989.

6. Walter Moore. *Schrödinger*：*Life and Thought*. New York：Cambridge University Press，1989.

7. M.Horne，A.Shimony，and A. Zeilinger，"Down-conversion Photon Pairs：A New Chapter in the History of Quantum Mechanical Entanglement，" *Quantum Coherence*，J. S. Anandan，ed.，Singapore：World Scientific，1989.

8. E. Schrödinger，*Collected Papers on Wave Mechanics*，New York：Chelsea，1978，130.

9. E. Schrödinger，*Proceedings of the Cambridge Philosophical Society*，31（1935）555.

10. Armin Hermann. *Werner Heisenberg 1901—1976*. Bonn：Inter Nations，1976.

11. 笔者 2001 年 6 月 24 日与 John Archibald Wheeler 的访谈录。

12. Wheeler, J.A., "Law without Law," 收入论文集 *Quantum Theory and Measurement*, edited by J.A.Wheeler and W.H.Zurek. Princeton, NJ: Princeton University Press, 1983.

13. John Archibald Wheeler, "Law without Law," Wheeler and Zurek, eds., pp.182—183.

14. John Archibald Wheeler, "Law without Law," Wheeler and Zurek, eds., p.189.

15. 本章大量传记资料出自 Macrae, Norman. *John Von Neumann: The Scientific Genius Who Pioneered the Modern Computer, Game Theory, Nuclear Deterrence, and Much More.* Providence, R.I.: American Mathematical Society, 1992.

16. 参见 Amir D. Aczel. *God's Equation.* New York: Four Walls Eight Windows, 1999.

17. A. Fölsing, *Albert Einstein*, New York: Viking, 1997, p.477.

18. Louis de Broglie. *New Perspectives in Physics.* New York: Basic Books, 1962, p.150.

19. 参见 J.A.Wheeler and W.H.Zurek, eds. *Quantum Theory and Measurement.* Princeton, NJ: Princeton University Press, 1983, p.viii.

20. 转引自 Wheeler and Zurek, 1983, p.7.

21. Abraham Pais. *Niels Bohr's Times.* Oxford: Clarendon Press, 1991, p.427.

22. Wheeler and Zurek, p.137.

23. Albert Einstein, Boris Podolsky, and Nathan Rosen, "Can Quantum-Mechanical Description of Physical Reality Be Considered

Complete？" *Physical Review*，47，777—80（1935）.

24. Pais，1991，p.430.

25. Wheeler and Zurek，1983.

26. A.Einstein，B.Podolsky，and N.Rosen，"Can Quantum-Mechanical Description of Physical Reality Be Considered Complete？" *Physical Review*，47，（1935），p.777.

27. 引 自 *Albert Einstein*：*Philosopher-Scientist*，P.A.Schilpp，Evanston，IL：Library of Living Philosophers，1949，p.85.

28. 经原作者授权翻印自 J.Clauser，"Early History of Bell's Theorem，" an invited talk presented at the Plenary Historical Session，Eighth Rochester Conference on Coherence and Quantum Optics（克劳瑟在第八届罗彻斯特相干性及量子光学研讨会历史专题全体会议上的特邀演讲），2001，p.11.

29. Alain Aspect，"Trois tests experimentaux des inegalités de Bell par mesure de correlation de polarization de photons，" A thesis for obtaining the degree of Doctor of Physical Sciences（物理学博士学位论文），University of Paris，Orsay，February 1，1983，p.1.

30. 幽灵成像实验见 Y.H.Shih，"Quantum Entanglement and Quantum Teleportation，" *Annals of Physics*，10（2001）1—2，45—61.

31. 以上讨论经原作者授权转述，参见 Michael Horne，"Quantum Mechanics for Everyone，" *Third Stonehill College Distinguished Scholar Lecture*，May 1，2001，p.4.

32. "Bell's Theorem Without Inequalities，" by Greenberger，Horne，Shimony，and Zeilinger，*American Journal of Physics*，58（12），December 1990，pp.1131—1143.

33. 翻印自 P.K.Aravind，“Borromean Entanglement of the GHZ State，” *Potentiality*，*Entanglement*，*and Passion-at-A-Distance*，53—59，1997，Kluwer Academic Publishing，UK.

参考文献

大量有关纠缠态等物理现象的研究都发表在学术期刊和会议论文集里，其中的重要文献在本书各章中已有所提及。下面所列的是比较容易获取的参考文献，适用于普通读者，可以从比较好的图书馆里查阅，也可以从书店购买。如果读者希望对纠缠态有更深入、更专业的了解，不妨进一步查考本书主体部分提及的文献，特别是见于《自然》(*Nature*)、《今日物理学》(*Physics Today*)等期刊的论文。

有关纠缠态及量子力学的书目

Bell，J.S.*Speakable and Unspeakable in Quantum Mechanics.* New York：Cambridge University Press，1993. 该书收录了John Bell的大部分量子力学论文。

Bohm，David. *Causality and Chance in Modern Physics.* Philadelphia：University of Pennsylvania Press，1957.

Bohm，David. *Quantum Theory.* New York：Dover，1951.

Cohen，R.，S.，Horne，M.，and J.Stachel，eds. *Experimental Metaphysics*：*Quantum Mechanical Studies for Abner Shimony.* Vols. I and II. Boston：Kluwer Academic Publishing，1999. 此二卷书为Abner Shimony纪念文集，收录了大量有关纠缠态的论文。

Cornwell，J.F.*Group Theory in Physics.* San Diego：Academic Press，1997.

Dirac，P.A.M. *The Principles of Quantum Mechanics.* Fourth ed. Oxford：Clarendon Press，1967.

French，A. P.，and E. Taylor. *An Introduction to Quantum Physics.* New York：Norton，1978.

Fölsing，A.*Albert Einstein.* New York：Penguin，1997.

Gamow，George. *Thirty Years that Shook Physics：The Story of Quantum Theory.* New York：Dover，1966.

Gell-Mann，Murray. *The Quark and the Jaguar.* New York：Freeman，1994.

Greenberger，D.，Reiter，L.，and A.Zeilinger，eds. *Epistemological and Experimental Perspectives on Quantum Mechanics.* Boston：Kluwer Academic Publishing，1999. 该书收录大量有关纠缠态的研究论文。

Greenstein，G. and A.G.Zajonc. *The Quantum Challenge：Modern Research on the Foundations of Quantum Mechanics.* Sudbury，MA：Jones and Bartlett，1997.

Heilbron，J.L. *The Dilemmas of an Upright Man：Max Planck and the Fortunes of German Science.* Cambridge，MA：Harvard University Press，1996.

Hermann，Armin. *Werner Heisenberg 1901—1976.* Bonn：Inter Nations，1976.

Ludwig，Günther. *Wave Mechanics.* New York：Pergamon，1968.

Macrae，Norman. *John Von Neumann：The Scientific Genius Who Pioneered the Modern Computer，Game Theory，Nuclear Deterrence，and Much More.* Providence，R.I.：American Mathematical Society，1992.

Messiah, *A. Quantum Mechanics.* Vols. I and II. New York: Dover, 1958.

Moore, Walter. *Schrödinger: Life and Thought.* New York: Cambridge University Press, 1989.

Pais, Abraham. *Niels Bohr's Times: In Physics, Philosophy, and Polity.* Oxford: Clarendon Press, 1991.

Penrose, R. *The Large, the Small and the Human Mind.* New York: Cambridge University Press, 1997. 有关量子问题和相对论问题的有趣的讨论，包括 Abner Shimony，Nancy Cartwright，Stephen Hawking 等人的评论。

Schilpp, P.A., ed. *Albert Einstein: Philosopher-Scientist.* Evanston, IL: Library of Living Philosophers, 1949.

Spielberg, N., and B.D.Anderson. *Seven Ideas That Shook the Universe.* New York: Wiley, 1987.

Styer, Daniel F. *The Strange World of Quantum Mechanics.* New York: Cambridge University Press, 2000.

Tomonaga, Sin-Itiro. *Quantum Mechanics.* Vols. I and II. Amsterdam: North-Holland, 1966.

Van der Waerden, B.L., ed. *Sources of Quantum Mechanics.* New York: Dover, 1967.

Wheeler, J.A. and W.H.Zurek, eds. *Quantum Theory and Measurement.* Princeton, NJ: Princeton University Press, 1983. 这是一本优秀的量子力学论文集。

Wick, D. *The Infamous Boundary: Seven Decades of Heresy in Quantum Physics.* New York: Copernicus, 1996.